土壤和植物
分析方法

农梦玲 刘永贤 李伏生 等◎著

中国农业出版社
北京

图书在版编目（CIP）数据

土壤和植物分析方法 / 农梦玲等著. -- 北京 ：中
国农业出版社，2024. 6. -- ISBN 978-7-109-32038-3

Ⅰ. S151.9

中国国家版本馆 CIP 数据核字第 2024CH8327 号

中国农业出版社出版

地址：北京市朝阳区麦子店街 18 号楼

邮编：100125

责任编辑：刁乾超　　文字编辑：徐志平

版式设计：李向向　　责任校对：张雯婷

印刷：北京中兴印刷有限公司

版次：2024 年 6 月第 1 版

印次：2024 年 6 月北京第 1 次印刷

发行：新华书店北京发行所

开本：700mm×1000mm　1/16

印张：11.25

字数：215 千字

定价：88.00 元

著者名单

农梦玲　刘永贤　李伏生　李桂芳
吴家法　郑佳舜　韦燕燕　程夕冉
路　丹　莫云川　梁琼月　潘丽萍
谭　骏

为了更好地为农业资源与环境学科教学与科研服务，在开展第三次全国土壤普查之际，我们将农业资源与环境专业相关课程教学与本团队在科研工作中所采用的土壤和植物分析方法编写成册。本书涵盖了土壤和植物分析基本知识、土壤和植株样品的采集与制备、土壤物理化学分析、土壤酶活性分析、植物养分分析、农产品品质分析、植物生理指标测定、温室气体采集和测定等，实现了教学与科研融合运用。

本书资料翔实全面，反映了本科教学和科学研究所用的分析方法，适用于相关学科教学与科研。为了加强实验室安全管理，将"实验室安全与管理"编入书中，使读者深入了解实验室安全和应急救援知识。为了本学科科研需要，土壤化学分析部分内容包括普通化学分析方法和仪器分析方法相比较，并增加了植物生理、土壤酶活性、温室气体排放采集和测定方法等新的内容。书中有些分析方法的同一分析项目中，并列了几个方法，有的较为复杂，有的略为简便。不同的分析方法所需的仪器设备也不尽相同，可根据分析目的、要求和化验条件选择使用。

本书是一本让教学与科技工作者"看之即会、拿来即用"的分析方法工具书。我们团队对书中所有的方法均进行一一验证，原理部分深入浅出，试剂配制和操作步骤部分详尽细致，本书可供农业资源与环境、农学、园艺专业师生使用，亦可供没有相关基础的人员自学。

本书由农梦玲、刘永贤、李伏生等著，第一、二、四、六、七、八、九章由农梦玲、刘永贤、李伏生、李桂芳、韦燕燕、路丹和莫云川撰写，第三章由农梦玲、李伏生、李桂芳、程夕冉和梁琼月撰写，第五章由农梦玲、李伏生、郑佳舜、潘丽萍和谭骏撰写，第十章由吴家法、李伏生和路丹撰写。李伏生指导了本书的大纲编写并梳理全书内容，农梦玲对全书内容最后定稿。

该书出版得到了国家自然科学基金联合基金重点支持项目"广西典型富硒高镉土壤中硒镉的交互作用过程及作物富硒降镉的调控机制"（U2342040）与"植被恢复背景下西南岩溶区土壤有机碳动态变化及其驱动机制"（U21A2007）、广西重点研发计划项目（桂科 AB23075085）、广西富硒农业产业科技先锋队专项行动（桂农科盟 202414）、广西农业科学院基本科研业务专项"广西硒资源变硒产业关键技术研发与应用"（桂农科 2023ZX08）和2024 年广西大学校级本科教学改革工程项目（JG2024YB053）等项目的支持。在此表示感谢！同时也感谢帮助本书出版的同事、同行及其他同志。

由于作者自身水平有限，书中难免有不妥之处，恳请广大读者批评指正并提出宝贵意见，以便今后补充修正。

农梦玲

2024 年 1 月 20 日

1 土壤和植物分析基本知识

掌握土壤和植物分析技术，必须要掌握有关的基本理论、基本知识和基本操作技术。基本知识包括与土壤和植物分析有关的数理化知识、分析的实验室知识、农业生产知识和土壤植物知识。本章对土壤和植物分析实验用水、试剂等基本知识和实验室安全知识做简要的说明。

1.1 实验用水

1.1.1 实验用水的制备

实验室分析工作中用水量很大，必须注意节约，并注意水质检查和正确保存，勿使其受器皿和空气等的污染，必要时装苏打或石灰管防止 CO_2 的溶解污染。

实验用水的制备常用蒸馏法和离子交换法。蒸馏法是利用蒸馏水与杂质的沸点不同，经过外加热使所产生的水蒸气经冷凝后制得。蒸馏法制得的蒸馏水，由于经过高温的处理，不易长霉；但蒸馏器多为铜制或锡制，因此蒸馏水中难免有痕量的这些金属离子存在。实验室自制时可用电热蒸馏水器，出水量有 5L、10L、20L 或 50L 等几种，使用方便，但耗电较多，出水速度较慢。工厂和浴室利用废蒸汽所得的副产蒸馏水，质量较差，必须检查后才能使用。

离子交换法可制得质量较高的纯水，一般是用自来水通过离子纯水器制得，因未经高温灭菌，往往容易长霉。离子交换纯水器可自己安装，也可购置商品纯水器。

1.1.2 实验用水的标准

实验用水的外观应为无色透明的液体。其分为 3 个等级。一级水，基本上不含有溶解或胶态离子杂质及有机物质，可用二级水经石英装置重蒸馏或经离子交换混合床和 0.2μm 的过滤膜制得。二级水，可允许含有微量的无机、有机或胶态杂质，可用蒸馏、反渗透或去离子后再进行蒸馏等方法制得。三级水，可采用蒸馏、反渗透或去离子等方法制得。

按照我国国家标准《实验室用蒸馏水规格》（GB 6682—1986）规定，实验室用蒸馏水需经过 pH、电导率、可氧化物浓度、吸光度及二氧化硅 5 个项目的测定和试验，并应符合相应的规定和要求。

土壤和植物分析实验用蒸馏水，一般使用三级水，有些特殊的分析项目要求用更高纯度的水。水的纯度可用电导仪测定电阻率、电导率或用化学的方法检测。电导率在 $2\mu s/cm$ 左右的普通纯水即可用于常量分析、微量元素分析、离子电极分析、原子吸收光谱分析等，有时需用电导率在 $1\mu s/cm$ 以下的优质纯水，色谱分析要用一级纯水（超纯水）。

1.2　试剂的规格、选用和保存

1.2.1　试剂的规格

试剂规格又称为试剂级别或试剂类别。一般按试剂的用途或纯度、杂质的含量来划分规格标准，国外试剂厂生产的化学试剂的规格趋向于按用途划分，其优点是简单明了，从试剂规格可知试剂的用途，用户不必在使用哪一种纯度的试剂上反复考虑。

我国试剂的规格基本上按纯度划分，共有化学纯、分析纯、优级纯、分光纯、基准纯、光谱纯和高纯 7 种。国家和主管部门颁布质量指标的主要是化学纯、分析纯和优级纯 3 种。①化学纯，属于三级试剂，标签颜色为蓝色。这类试剂的质量略低于分析纯试剂，用于一般的分析工作。相当于进口试剂中的化学纯试剂（CP）。②分析纯，属于二级试剂，标签颜色为红色，这类试剂的杂质含量低，主要用于一般的科学研究和分析工作。相当于进口试剂中的分析试剂（AR）。③优级纯，属一级试剂，标签颜色为绿色。这类试剂的杂质含量很低。主要用于精密的科学研究和分析工作。相当于进口试剂中的保证试剂（GR）。

除上述试剂外，还有许多特殊规格的试剂，如指示剂、生化试剂、生物染色剂、色谱用试剂及高纯工艺用试剂等。

1.2.2　试剂的选用

土壤和植物分析中一般用化学纯试剂配制溶液。标准溶液和标定剂一般用分析纯或优级纯试剂。微量元素分析一般用分析纯试剂配制溶液，用优级纯试剂或纯度更高的试剂配制标准溶液。精密分析用的标定剂等有时须用更纯的基准试剂

（绿色标志）。光谱分析用的标准物质有时须用光谱纯试剂（SP），其中几乎不含有干扰待测元素光谱的杂质。不含杂质的试剂是没有的，即使是极纯的试剂，对某些特定的分析或痕量分析，并不一定符合要求。选用试剂时应当加以注意。如果所用试剂虽然含有某些杂质，但对所进行的实验事实上没有妨碍，若没有特别的指定，就可以放心使用。这就要求分析工作者应具备试剂原料和制造工艺等方面的知识，在选用试剂时把试剂的规格和操作过程结合起来考虑。不同级别的试剂价格有时相差很大。因此，不需要用高一级的试剂时就不用。相反，有时经过检验，则可用较低级别的试剂，例如经检查（空白试验）不含氮的化学试剂（LR，四级、蓝色标志）甚至工业用（不属于试剂级别）的浓硫酸（H_2SO_4）和氢氧化钠（NaOH）也可用于全氮的测定。但必须指出的是，一些仲裁分析，必须按其要求选用相应规格的试剂。

1.2.3　试剂的保存

　　试剂的种类繁多，贮藏时应按照酸、碱、盐、单质、指示剂、溶剂、有毒试剂等分类存放。盐类试剂很多，可先按阳离子顺序排列，同一阳离子的盐类再按阴离子顺序排列。强酸、强碱、强氧化剂、易燃品、剧毒品、异臭和易挥发试剂应单独存放于阴凉、干燥、通风之处，特别是易燃品和剧毒品应放在危险品库或单独存放，试剂橱中更不得放置氨水和盐酸等挥发性药品，否则会使全橱试剂都遭污染。定氮用的浓 H_2SO_4 和定钾用的各种试剂溶液必须严防 NH_3 的污染，否则会引起分析结果的严重错误。氨水和 NaOH 吸收空气中的 CO_2 后，对 Ca、Mg、N 的测定也能产生干扰。使用氨水、乙醚等易挥发性试剂时须先将其充分冷却，瓶口不要对着人，慎防试剂喷出发生事故。过氧化氢溶液能溶解玻璃的碱质而加速过氧化氢（H_2O_2）的分解，所以须用塑料瓶或内壁涂蜡的玻璃瓶贮藏；波长为 320～380nm 的光线也会加速 H_2O_2 的分解，故最好将 H_2O_2 贮藏于棕色瓶中，并放置在阴凉处。高氯酸的浓度在 700g/kg 以上时，与有机质如纸、炭、木屑、橡皮、活塞油等接触容易引起爆炸，500～600g/kg 高氯酸则比较安全。HF 有很强的腐蚀性和毒性，除能腐蚀玻璃以外，滴在皮肤和指甲上即产生难以痊愈的烧伤。因此，使用 HF 时应戴上橡皮手套，并在通风橱中进行操作。对于易被空气氧化或吸湿的试剂，必须注意密封保存。

1.2.4　试剂的配制

　　试剂配制视具体的情况和实际需要的不同，有粗配和精配两种方法。

　　（1）粗配。 一般实验用试剂，没有必要使用精确浓度的溶液，使用近似浓度的溶液就可以得到满意的结果。如盐酸、氢氧化钠和硫酸亚铁等溶液。这些物质都不稳定，或易于挥发吸潮，或易于吸收空气中的二氧化碳，或易被氧化而使其物质的组成与化学式不相符。用这些物质配制的溶液就只能得到近似浓度的溶液。在配制近似浓度的溶液时，只要用一般的仪器就可以，例如用粗天平来称量物质，用量筒来量取液体。读数通常只要保留一位或两位有效数字，这种配制方法称为粗配。

(2) 精配。近似浓度的溶液要经过用其他标准物质进行标定，才可间接得到其精确的浓度，如酸、碱标准液，必须用无水碳酸钠、苯二甲酸氢钾来标定才可得到其精确的浓度。有时则必须使用精确浓度的溶液，如在制备定量分析用的试剂溶液，即标准溶液时，就必须用精密的仪器，如天平、容量瓶、移液管和滴定管等，并遵照实验要求的准确度和试剂特点精心配制。通常要求浓度读数保留四位有效数字，这种配制方法称为精配。如重铬酸盐、碱金属的氯化物、草酸、草酸钠、碳酸钠等能够得到高纯度的物质，它们都具有较大的分子质量，贮藏时稳定，烘干时不分解，具有物质组成与化学式相符合的特点，可以直接制备得到标准溶液。

1.3　实验室安全与管理

1.3.1　实验室基本安全原则

（1）实验室应保持安静、整洁。凡进入实验室进行实验的人员，要主动学习实验室安全知识，熟悉各项实验室安全事故的防范措施，自觉遵守实验室各项安全规章制度，做到安全实验、文明实验。

（2）做实验时必须穿工作服，在实验室内不允许抽烟，不得在实验室过夜，保持各实验室的整洁。

（3）按照操作规程使用实验仪器设备，使用有关仪器和试剂前仔细阅读有关说明书。

（4）冰箱内不得存放易爆物品，对存放有机溶剂的冰箱，要经常打开冰箱门使气体挥发，防止易燃气体在冰箱内凝聚而引起爆炸。

（5）实验室内不得乱拉电线，所有仪器设备的电线、插头、插座和接线板必须符合用电要求，若有损坏，及时维修。

（6）使用明火时必须有人看守。严禁在实验室内用煤气、电炉烹调食物及取暖等，严禁在实验室内使用违章大功率电器和劣质电器。

（7）禁止往水槽内倒入容易堵塞下水道的杂物和强酸、强碱及有毒、有害有机溶剂。含有机溶剂、腐蚀性液体及放射性液体的废液必须存放于专用废液容器内，贴上标签，放置在指定地点，统一回收处理。水槽内禁止堆放物品，尤其是容易飘浮的物品，保证下水道畅通。

（8）必须妥善保管实验室的钥匙，不得转借，不准私配钥匙，若有遗失必须及时汇报，实验或课题结束后及时上交。

（9）假日加班和夜间工作须特别注意安全，主动关心安全工作。离开实验室之前，应关好水龙头，切断或关闭煤气及不使用的设备电源，并关好门窗，及时消除安全隐患。

（10）各实验室的仪器设备、物品不得随意挪动、转移到其他实验室，所有的实验仪器、书籍不得私自带离实验室，如有必要须向实验室管理人员申请。

（11）实验室停水后须及时关水龙头，否则重新来水时极易导致实验室地面溢水。

1.3.2 实验室常见的危险化学品

危险化学品（危险物品）是指具有爆炸性、易燃性、毒害性、感染性、腐蚀性、放射性等危险特性，在运输、储存、生产、经营、使用和处置中，容易造成人身伤亡、财产损毁或环境污染而需要特别防护的物质和物品。

（1）爆炸类。该类物质是指在外界作用下（受热或撞击等）或其他物质的激发，在极短时间内能发生剧烈的化学反应，瞬时产生大量的气体和热量，使周围压力急剧上升，对周围环境造成破坏的物质，如硝酸铵、三硝基苯酚（苦味酸）、三硝基甲苯（TNT）、硝化甘油。这类物质具有强爆炸性、高敏感性和对氧无依赖性等特性。

（2）气体类。包括易燃气体、非易燃无毒气体和毒性气体。

①易燃气体：包括压缩或液化的氢气、甲烷、乙烷、液化石油气。这类物质在常温常压下遇明火、撞击、电气、静电火花以及高温即会发生着火或爆炸。

②非易燃无毒气体：包括压缩空气、氮气、氩气。

③有毒气体：包括氯气、一氧化氮、一氧化碳、硫化氢、煤气。

（3）易燃液体类。易燃液体类是指在闪点温度时放出易燃蒸气的液体或液体混合物，如乙醚、丙酮（闪点＜−18℃）、苯、甲醇、乙醇、油漆（−18℃≤闪点＜23℃）、丁醇、氯苯、苯甲醚（23℃≤闪点＜61℃）。这类物质在常温下易挥发，其蒸气与空气混合能形成爆炸性混合物，遇明火易燃烧。

（4）易燃固体、自燃物品和遇湿易燃物品。

①易燃固体：指燃点和自燃点低，易燃烧爆炸的物质，包括赤磷、钠、粉末状固体，如镁、铝、铁、活性炭和硫黄粉等。

②自燃物品：指化学性质活泼，自燃点低，空气中易氧化或分解，产生热

量而自燃的物质，包括黄磷、煤和锌粉等。黄磷需保存于水中，不要接触皮肤。

③遇湿易燃物品：指遇水或受潮时发生剧烈化学反应，放出大量易燃气体和热量，燃烧或爆炸的物质，包括锂、钠、钾、铷、铯、钙、镁、铝等金属氢化物（氢化钙）、碳化物（电石）、磷化物（磷化钙）、硼氢化物（硼氢化钠）、轻金属粉末（镁粉、锌粉）。钠、钾保存于煤油中，切勿与水接触，反应残渣易着火，不得随意丢弃。

（5）氧化性物质和有机过氧化物质。

①氧化性物质：本身不一定可燃，但通常因放出氧或起氧化反应可能引起或促进其他物质燃烧的物质，包括硝酸钾、氯酸钾、过氧化钠和高锰酸钾。

②有机过氧化物质：指分子组成中含有过氧基的有机物质，该物质为热不稳定物质，可发生放热的自加速分解，包括过氧化苯甲酰、过氧化甲乙酮和过苯甲酸。

氧化性物质和有机过氧化物质具有以下特性：强氧化性，遇酸、碱、有机物、还原剂时，发生剧烈化学反应而引起燃爆，对碰撞或摩擦敏感。

（6）毒性物质和感染性物质。

①毒性物质：经吞食、吸入或皮肤接触后可能造成死亡或严重受伤或损害健康的物质。有毒化学试剂见表 1-1，有毒化学试剂的毒性分级标准见表 1-2。

②感染性物质：含有病原体的物质，包括生物制品、诊断样品、基因突变的微生物、生物体和其他媒介，如病毒蛋白等。

表 1-1　有毒化学试剂

项目	有毒化学试剂
剧毒物质	氰化物，如氰化钾、氰化钠和氯化氰；砷及三氧化二砷（别名：砒霜）、铍及其化合物、汞、氯化汞、硝酸汞、氢氟酸、氯化钡、乙腈、丙烯腈、有机磷化物、有机砷化物、有机氟化物等
高毒物质	二氯乙烷、三氯乙烷、三氯甲烷、二氯硅烷、苯胺、芳香胺、铊化合物（氯化铊、硝酸铊等）、黄磷、硫化氢、溴水、氯气、二氧化锰、氯化氢等
中毒物质	苯、甲苯、二甲苯、四氯化碳、三硝基甲苯、环氧乙烷、环氧氯丙烷、四氯化硅、甲醛、甲醇、二硫化碳、硫酸、硝酸、硫酸镉、氧化镉、一氧化碳、一氧化氮等
低毒物质	三氧化二铝、钼酸铵、亚铁氰化钾、铁氰化钾、间苯二胺、正丁醇、丙烯酸、邻苯二甲酸、二甲基甲酰胺、己内酰胺、硝基苯、苯乙烯、萘等
致癌物质	黄曲霉毒素 B_1、亚硝胺、石棉、3,4-苯并芘、联苯胺及其盐类、4-硝基联苯、1-萘胺、间苯二胺、丙烯腈、氯乙烯、二氯甲醚、苯、甲醛、偶氮化合物、三氯甲烷（氯仿）、硫脲、六价铬（重铬酸钾、铬渣），以及铅、铍、镉等重金属

表 1-2　有毒化学试剂的毒性分级标准

分级	经口半数致死量 LD$_{50}$/（mg/kg）	经皮接触 24 h 半数致死量 LD$_{50}$/（mg/kg）	吸入 1h 致死浓度 LC$_{50}$/（mg/kg）
剧毒品	LD$_{50}$≤5	LD$_{50}$≤40	LC$_{50}$≤0.5
有毒品	5<LD$_{50}$≤50	40<LD$_{50}$≤200	0.5<LC$_{50}$≤2
有害品	50<LD$_{50}$≤500	200<LD$_{50}$≤1 000	2<LC$_{50}$≤10

（7）放射类。指含有放射性核素且其放射性活度浓度和总活度都超过《放射性物品安全运输规程》（GB 11806）规定限值的物质，如镭-226、钴-60、铀-23、艳-137、碘-131。

（8）腐蚀类。腐蚀类物质是指通过化学作用使生物组织接触时会造成严重损伤，或在渗漏时会严重损害甚至毁坏其他货物或运载工具的物质。

①酸性腐蚀物质：盐酸、硫酸、硝酸、磷酸、氢氟酸、高氯酸、王水（1 体积的浓硝酸和 3 体积的浓盐酸混合而成）。

②碱性腐蚀物质：氢氧化钠、氢氧化钾、氨水。

③其他腐蚀物质：苯、苯酚、氟化铬、次氯酸钠溶液、甲醛溶液等。

（9）其他。具有其他类别未包括的危险物质和物品，例如：①危害环境物质；②高温物质；③经过基因修改的微生物或组织。

1.3.3　危险化学品安全管理原则

（1）一切易致毒、危险化学品及药剂，要严格按类存放保管、发放、使用；剧毒药品专柜上锁，专人（两人）保管；剩余物品严禁随意存放在实验室里，必须送回药品仓库或由专人加锁保管；定期检查所储存的化学品，及时更换脱落或破损的试剂瓶标签，及时清理变质或过期的化学品，并委托具有处理资质的单位对其进行处理。

（2）在实验中，尽量采用无毒或少毒物质来代替毒性高的物质，或采用较好的实验方案、设施、工艺来减少或避免在实验过程中有毒物质的扩散。

（3）实验室应安装通风排毒用的通风橱。在使用大量易挥发毒性物质的实验室，应安装排风扇等强力通风设备。必要时，也可将真空泵、水泵连接在发生器上，构成封闭实验系统，减少易挥发毒性物质的逸出。

（4）在实验室无通风橱或通风不良的情况下，禁止进行有大量有毒性物质逸出的实验，不能心存侥幸，掉以轻心。

（5）养成良好的个人防护习惯。在不能确保无毒的环境下工作时，应穿戴防护服。实验完毕需及时洗手。

1.3.4 实验室化学药品中毒预防措施

（1）严禁在实验室内饮食。

（2）不许将饮水杯、食物器皿带入实验室内，以防毒物污染。

（3）不许在实验室内吸烟，这是因为若用接触过毒物的手接触纸烟，可能使人发生中毒。

（4）离开实验室时，首先应洗净双手，勿用实验室内的抹布擦干。

（5）在进行有毒化学药品的实验操作时，一定要穿工作服，以免毒物污染衣服。

（6）在使用移液管吸取溶液，移液管要深入液面下，小心吸取时。

（7）在吸取含有毒物的溶液（如氯化汞溶液、氰化钠、氰化钾溶液等）时，应使用上端带有安全小球的移液管进行操作。

（8）在粉碎或研磨固体物质时，要戴上防尘口罩并细心操作，勿使毒物粉尘进入消化道。

（9）在进行有毒物质的实验操作时，要戴上胶皮手套，防止将毒性物质沾在手上，同时也不要将有毒固体或液体物质遗留在实验台上。

1.3.5 化学药品中毒应急处理方法

（1）吞食中毒的处理方法。

①为了降低胃液中药品的浓度，延缓毒物被人体吸收并保护胃黏膜，可饮食如牛奶，打溶的鸡蛋，面粉、淀粉和土豆泥的悬浮液，水等；如果一时弄不到此类物品，可于500mL的蒸馏水中加入50g活性炭，再加400mL蒸馏水，并将其充分摇动润湿，然后让患者分次少量吞服。一般10～15g活性炭大约可吸收1g毒物。

②用手指或匙子的柄摩擦患者的喉头或舌根使其呕吐。若用上述方法还不能催吐，可于半杯水中加入15mL吐根糖浆（催吐剂）或在80mL热水中溶解一匙食盐让患者饮服（但当吞食酸、碱之类腐蚀性药品或烃类液体时因易形成胃穿孔或胃中的食物一旦吐出而有进入气管的危险，因而遇到此类情况时，千万不要进行催吐）。绝大部分毒物于4h内即从胃转移到肠内。

③用毛巾之类的东西盖住患者身体进行保温。

④将2份活性炭、1份氧化镁和1份单宁酸混合均匀而成的混合物，称为"万能解毒剂"，可将2～3匙此药加入一小杯水，调成糊状物，即可服用。

（2）吸入中毒的处理方法。

①立即将患者转移到室外空气新鲜的地方，解开衣服，放松身体。

②呼吸能力减弱时，要马上进行人工呼吸。

③呼吸好转后，立即送专业医院治疗。

（3）毒物沾着皮肤时的处理方法。

①用自来水冲洗被污染的皮肤。

②脱去被污染的衣服，并在皮肤上浇水。

③不要使用化学解毒剂。

（4）毒物进入眼睛时的处理方法。

①撑开眼睑，用蒸馏水冲洗 4～5min。

②不要使用化学解毒剂。

1.3.6　无机化学药品中毒应急处理方法

（1）强酸（致命剂量 1mL）。

①吞服时。立即服 200mL 氧化镁悬浮液或者氢氧化铝凝胶、牛奶及水等迅速将毒物稀释，然后再食用十几个打溶的鸡蛋（作为缓和剂）。

②沾触皮肤时。首先应用大量水冲洗 10～15min。如果立即进行中和，因产生中和热而有进一步扩大伤害面积的危险。因此经过充分水洗之后再用碳酸氢钠之类的碱性溶液或肥皂液进行洗涤。但是当患者沾的是草酸时，不宜用碳酸氢钠中和，因为会产生较强的刺激物。此外，也可使用镁盐或钙盐进行中和。

（2）强碱（致命剂量 1g）。

①吞食时。应立即用食管镜观察，直接用 1％的乙酸水溶液将患处洗至中性。然后迅速服用 500mL 稀的食用醋溶液（1 份食用醋加 4 份水）或鲜柑橘汁将其稀释。

②沾触皮肤时。应立即脱去衣服，尽快用蒸馏水冲洗至皮肤不滑为止。接着用经水稀释的乙酸或柠檬汁等进行中和。但是当患者沾着生石灰时则应先用油等物质除去生石灰，再用蒸馏水进行冲洗。

③进入眼睛时。撑开眼睑，用蒸馏水冲洗 10～15min。

（3）氨气。应立即将患者转移到室外空气新鲜的地方，然后输氧。当氨气进入眼睛时，让患者躺下，用蒸馏水洗涤眼角膜 5～8min 后，再用稀乙酸或稀硼酸溶液洗涤。

（4）卤素气体。应立即将患者转移到室外空气新鲜的地方，保持安静。吸入氯气时，给患者嗅 1∶1 的乙醚与乙醇混合蒸气。吸入溴蒸气时，则应给患者嗅稀氨水。

（5）二氧化硫、二氧化氮、硫化氢气体。立即将患者转移到室外空气新鲜的地方，保持安静。进入眼睛时，用大量水冲洗并用蒸馏水漱口。

(6) 汞［致命剂量70mg 氯化汞（HgCl₂）］。 给患者饮打溶的蛋清，用蒸馏水及脱脂奶粉作为沉淀剂，并立即让患者服用二巯基丙醇溶液，然后将30g硫酸钠溶于200mL水中，搅拌溶解后让患者服用。

(7) 钡（致命剂量1g）。 将30g硫酸钠溶于200mL水中，然后让患者饮服，也可用洗胃导管将其注入患者胃内。

(8) 硝酸银。 将3～4匙食盐溶于一杯水中让患者饮服，然后让患者服用催吐剂或者进行洗胃或者饮用牛奶，接着用大量水吞服30g硫酸镁。

(9) 硫酸铜。 将0.1～0.3g亚铁氰化钾溶于一杯水中给患者服用，也可饮服适量肥皂水或碳酸钠溶液。

(10) 氰（致命剂量0.05g）。 务必立即进行处理。每隔2min给患者吸入亚硝酸异戊酯15～30s，这样氰基便与高铁血红蛋白结合生成无毒的氰络高铁血红蛋白，接着再给患者饮服硫代硫酸盐溶液，使氰络高铁血红蛋白转化为硫氰酸盐而解毒。

①吸入氰化物。应立即将患者转移到室外空气新鲜的地方使其横卧，然后将患者身上沾有氰化物的衣服脱去并马上进行人工呼吸。

②吞食氰化物。应将患者转移到空气新鲜的地方，并用手指或汤匙柄摩擦患者的舌根部使患者立刻呕吐，决不要等待洗胃工具到来才处理。因为患者在数分钟内即有死亡的危险。

2 土壤样品的采集和制备

2.1 土壤样品的采集

土壤样品的测定结果是否能如实地反映客观情况，除了在采集土样时要有明确的目的以外，还取决于土壤样品是否具有代表性。

土壤是一个极为复杂的极不均一的群体，要从中采取少量（几百克，几十克或分取几十毫克样品）足以代表一定面积的土壤样品，似乎要比获得准确的土壤化学分析结果更为困难。若采样不当，尽管以后的分析工作非常准确，也不能获得具有参考价值的测定结果，甚至得到错误的结果。因此，土壤样品的采集和制备是土壤分析中一项极为重要的工作。在采样时必须根据农业生产和科学研究工作的目的和需要，并严格按照一定的采样原则和采样方法来采集有代表性的土壤样品。

由野外或试验区采集能代表分析对象（某采样区或某剖面土层）的土样称为原始样品。原始样品经过充分混匀和分样后，送交分析室的样品称为平均样品（平均样品应能代表原始样品），平均样品经过一定的处理，制备成分析样品（分析样品应能代表平均样品），每次分析时即从分析样品中称取具有代表性的土样进行测定，土壤样品的采集方法因分析目的而有所不同。

2.1.1 土壤混合样品的采集

为了了解土壤养分状况以及与施肥有关的一些土壤性状，所用的土样应该是能代表该土样面积、土层内养分状况的混合样品。

混合土壤样品是由多点采样混合组成，实际上相当于多点土壤样品混合后的平均样品，减少了土壤差异。混合土样的代表性大于单个采样点土样。

（1）划定采样区。 要使样品真正有代表性，首先要正确划定采样区，在每一采样区内采取一个混合土样。划定采样区时，应先了解全地区的土壤类别、地形、作物茬口、耕作措施、施肥和灌溉等情况，在同一采样区内的这些情况应力

11

求大体一致。采样区的大小视要求的精度而定：试验地一般以各处理的小区为一采样区；生产地一般以10～20亩*为一个采样区；大面积耕地肥力调查的每一采样区面积一般为100～1 000亩。

（2）确定样点。 采样点的分布要做到尽量均匀和随机。均匀分布可以起到控制整个采样范围的作用；随机定点可以避免主观误差，提高样品的代表性。在采样区内沿"之"字形线或蛇形线等距离随机取10～30个样点（小区要取5个以上样点）的小样，混合组成一个原始样品。应在植株生长整齐而有代表性的地点选择，密植作物可在植株行间采样，中耕作物可在植株间各采半数的小样。样点应避开特殊的地点如粪堆、屋旁、地边、沟边等地。

（3）采样。 样点确定后，用小铲或土钻（钻头筒形或螺旋形）采取土样。混合样品一般只采耕层（0～20cm）土壤，必要时也可采耕层以下土壤，但深度通常不超过100cm。

采样点的取土深度和质量应力求一致，各土样上下层比例要相同。混合后的原始样品可就地在厚纸、塑料布或木板上充分混匀，用四分法淘汰，分出平均样品（一般为0.5～1kg），装入土袋，写好标签，注明采样地点、采样小区的施肥和产量情况、采样深度、采样日期、采样人等。

2.1.2　土壤剖面样品的采集

为了研究土壤基本理化性状及土壤类型，必须按土壤发生层次采样。在选定土壤剖面的位置后，先挖一个1m×1.5m（或1m×2m）的长方形土坑。长方形较窄的向阳一面作为观察面。土坑的深度一般要求达到母质或地下水即可（一般深度为1～2m），然后根据土壤剖面的颜色、结构、质地、松紧度、湿度、植物根系的分布等自上而下地划分土层，并进行仔细观察，描述记载。采样时必须自下而上分层采取，以免采取上层样品时对下层土壤的混杂污染。为了使样品能明显地反映各层次土壤的特点，通常是在各层最典型的中部采取（如土层较薄，可全层采取）土样，这样可以避免层次间的过渡现象，以增加样品的代表性。一般采取土样量为1kg左右，放入布袋或塑料袋内，并在土袋内外附上标签，写明采集地点、剖面编号、土层深度、采样日期和采样人。

2.1.3　土壤盐分分析样品的采集

在盐碱地的田块里，盐土多呈斑状分布。盐斑上表层土壤含盐量＞1%，而盐斑以外就可能是含盐量仅0.1%左右的非盐渍土，在土壤养分状况上，它们的

---

* 亩为非法定计量单位，1亩≈667m²。

差异也很大。所以盐碱地的采样，要考虑到盐碱地自身的这一特点，一般不能采用均匀布点和多点取样混合分析等方法。此外，取样方法随取样目的不同而不同。

(1) 剖面取样。 在盐碱土地区调查与制图工作中，需采取剖面样品。先在各种类型及不同盐渍化程度的盐碱地上，选择有代表性的地方作为取样点。各种土壤类型应布多少个取样点，取决于采样地的面积和制图要求。

盐碱地的取样深度，主剖面深度要求到达地下水位，至少不能小于 2m，副剖面深度在 1m 左右。取样分层一般是按自然层次，上密下稀。最厚不要超过 50cm。取样方法多用段取，即在该取样层内，自上而下，整层均匀地取土，这样有利于盐储量的计算。为了研究盐分在垂直方向上分布的特点，部分剖面也可以"点取"，即在该取样层中的典型部位取土。

(2) 动态采样。 在盐碱土地区往往要做盐分动态的观测，其中有月动态、季动态、年动态、多年动态和专门观测的动态等，也就是在一个固定点上观测盐分在时间上的变化，这种观测最好是用特别装置的仪器进行。但目前仍以取土观测为多，这种取土观测必须十分严格，否则，取样误差往往超过自然状态的盐分变化，这就失去了试验意义。

取样地点确定后，首先根据试验设计中需要取样的次数确定取样区的大小，然后在取样地点选择一块最均匀平坦的地面作为取样区。最好先在取样区外围钻取 3 点（按三角形布置），检查土层及盐分变化情况。如变化较大则不宜做取样区而要另选。

采样都用土钻进行，钻孔间距为 1m。取样土层深度要严格固定和进行"段取"。每层取出的土除一部分装入铝盒作为土样外，剩余的仍按层摆好，待全部取完后，再自下而上将剩余的土填入孔中。最后将取样时踩实的地面疏松至原状，每个取样孔位要做好标记，以免弄错。

(3) 作物生育期取样。 在作物不同的生育期中要进行盐害诊断和了解作物的耐盐度时，取样点的布置，首先应根据地面的盐斑以及作物生长情况，选择典型的受害植株附近作为取样点，在紧靠近受害植株的周围（以避免大量损伤作物根系、影响作物生长为原则）设钻孔取样。取样层次深度的划分，主要根据当时作物根系活动层的深度及盐分在土体中的分布规律而定。

在盐碱土地区的土体中，由于盐分上下移动受不同时间的淋溶与蒸发作用的影响很大，因此采样时应特别重视采样的时间和深度。

土壤样品的制备和贮存

从野外和田间采回的土样，经登记编号后，都需要经过一定的处理手续——风干、磨细、过筛、混合，制成分析样品，才能进行各项测定。

处理样品的目的是：①挑出非土部分，使样品能代表土壤本身的组成；②适当磨细和充分混匀，使分析时所称取的少量样品具有较高的代表性，以减少称样误差；③样品磨细后增大土粒表面积，使样品养分和盐分易于浸出，并使分解样品的反应能够进行完全和匀致；④使样品可以长期保存，抑制微生物活动和化学变化。

2.2.1　土壤样品风干

除某些项目如硝态氮、铵态氮、亚铁等需用新鲜样品测定外，一般项目都用风干样品进行分析。采回的样品应尽快风干，风干可在通风橱中进行，也可摊在木板或牛皮纸上放在晾干架上进行。在土样半干时，须将大块土壤捏碎（尤其是黏性土壤），以免完全干后结成硬块难以磨细。风干场所力求干燥通风，无灰尘，并严防氨气（NH_3）、硫化氢（H_2S）、二氧化硫（SO_2）等各种酸、碱蒸气的污染。干燥过程也可以在低于 40℃ 并有空气环流的条件下进行（如鼓风干燥箱）。

样品风干后，挑出动植物残体（根、茎、叶、虫体）和石块、结核（石灰、铁、锰），以免影响分析结果。

测定硝态氮、铵态氮、亚铁、田间水分等项目时，必须用刚采回的新鲜土样。因为这些成分在放置或风干过程中会发生显著变化。如果来不及立即测定，宜将土样速冻保存或在每千克土样中加入 3mL 甲苯以防止微生物活动，但这只是权宜的办法，最好尽快进行分析。

水稻土壤很湿，可以充分搅匀后取一部分进行分析，但同时须测定含水量，以便换算分析结果。

2.2.2　土壤样品磨细和过筛

风干土样用木棍在硬木板或硬橡皮板上压碎，不可用铁棒及矿物粉碎机磨细，以防压碎石块或使样品沾污铁质。磨细的土样，用 18 目（筛孔直径 1mm）的筛子过筛［机械分析和可溶性盐的分析有时用 20 目筛（筛孔直径 0.84mm）］。未通过筛孔的土样，必须重新压碎过筛，直至全部筛过为止。但石砾切勿研碎，要随时拣出；必要时须称其质量，计算它占全部风干土样的质量百分率，以便换算机械分析结果。少许细碎的植物根、叶经滚压后能通过 18 目（筛孔直径

1mm）的筛孔者，可视为土壤有机质部分，不再挑出，较大的动植物残体则应随时剔出。

上述 18 目（筛孔直径 1mm）土样，经充分混匀后，即可供一般项目分析用。但测定全氮和有机质时，因称样量少或样品分解困难，则须将通过 1mm 筛孔的土样分出一部分做进一步处理。方法是：将样品铺成薄层，划分成许多小方格，用牛角勺多点取出土壤样品约 20g，在玛瑙研钵中小心研磨，使之全部通过 60 目筛（筛孔直径 0.25mm）。

在土壤分析工作中所用的筛子有两种：一种以筛孔直径的大小表示，如筛孔直径为 2mm、1mm 和 0.5mm 等；另一种以每英寸[*]长度上的孔数表示，如每英寸长度上有 40 孔者为 40 目筛（或称 40 号筛）。筛孔越多，筛孔直径越小。筛号与筛孔直径之间的关系见表 2-1。

表 2-1　标准筛孔对照

筛号/目	筛孔直径/mm	筛孔直径/英寸
10	2	0.079
18	1	0.039 5
40	0.42	0.016 6
60	0.25	0.009 8
100	0.149	0.005 9

注：筛号数即为 1 英寸长度内的孔（目）数，如 100 号即为每一英寸长度内有 100 孔。

2.2.3　土壤样品保存

一般样品用具磨口塞的广口瓶保存半年至一年，以备必要时查核之用。如无广口瓶，也可在分析结束后，转入纸袋保存。标准样品则须长期妥善保存，使被测成分不改变。样品瓶或纸袋上的标签须注明样号、采样地点、土类名称、试验区号、深度、采样日期、采样人和筛号（或筛孔直径）等项目。

---

[*]　英寸为非法定计量单位，1 英寸＝2.54cm。

3 土壤物理分析

3.1 土壤水分的测定

土壤水分含量的测定有两个目的：一是为了了解田间土壤的实际含水状况，以便及时进行灌溉、保墒或排水，以保证作物的正常生长，或联系作物长相、长势及耕作栽培措施，总结丰产的水肥条件，或联系苗情症状，为诊断提供依据；二是风干土样水分的测定，为各项分析结果计算的基础。风干土中水分含量受大气中相对湿度的影响。它不是土壤的一种固定成分，在计算土壤各种成分时不包括水分。因此，一般不用风干土作为计算的基础，而用烘干土作为计算的基础。分析时一般都用风干土，计算时就必须根据水分含量换算成烘干土。

3.1.1 烘干法

(1) 方法原理。 在 $105\sim110℃$ 下，土壤的自由水分和吸湿水都能烘干，而一般土壤有机质则不分解，但是某些有机质在此温度烘烤时能逐渐分解而失重，而有些有机质则能逐渐氧化而增重，因此，严格来说，用烘干法只能测得近似的水分含量。虽然如此，由于一般土壤有机质含量不多，其中受烘烤而起明显变化的又占少数，故用烘干法所求得的水分含量的准确度和精确度通常已能达到土壤分析的要求。用烘干法测定土壤水分时，烘烤的时间应该以达到恒质量为准，由于上述误差的存在（特别是含有机质较多的土壤要达到恒质量时有困难），故也可以人为地规定一定的烘烤时间（例如在 $105\sim110℃$ 下烘 8h）。有机质含量特别高的土壤也可用减压低温法（例如用 $70\sim80℃$ 的温度在小于 $2.666kPa$ 压力下）烘干。由土样在烘烤期间的失重，即可计算土壤水分百分率。

(2) 仪器设备。 1/10 000 天平，1/100 天平，电热恒温烘箱，干燥器。

(3) 操作步骤。

①风干土样水分的测定。取铝盒在 $105℃$ 烘箱中烘约 2h，移入干燥器内冷却至室温，称重 (m_0)，精确至 0.001g。用勺子将风干土样拌匀，取 5g，均匀地平铺在

铝盒中，盖好，称重（m_1），精确至 0.001g。将铝盒盖揭开，放在盒底下，置于已预热至（105 ± 2）℃的烘箱中烘烤 6 h。取出，盖好，移入干燥器内冷却至室温（约需 20min），立即称重（m_2）。风干土样水分的测定应做 2 份平行测定。

②新鲜土样水分的测定。取铝盒在 105℃烘箱中烘约 2 h，移入干燥器内冷却至室温，称重（m_0），精确至 0.01g。将盛有新鲜土样的铝盒在天平上称重（m_1），精确至 0.01g。揭开盒盖，放在盒底下，置于已预热至（105 ± 2）℃的烘箱中烘烤 12h。取出，盖好，在干燥器中冷却至室温（约需 30min），立即称重（m_2）。新鲜土样水分的测定应做 3 份平行测定。

（4）结果计算。 土壤含水量计算公式如下：

$$土壤含水量（分析基，\%）=\frac{m_1-m_2}{m_1-m_0}\times100\% \qquad (3-1)$$

$$土壤含水量（干基，\%）=\frac{m_1-m_2}{m_2-m_0}\times100\% \qquad (3-2)$$

式中：m_0——烘干空铝盒质量（g）；

m_1——烘干前铝盒和土样的总质量（g）；

m_2——烘干后铝盒和土样的总质量（g）。

3.1.2 酒精燃烧法

（1）方法原理。 利用酒精燃烧时产生的热量，把土壤中的水分蒸发，使土壤达到干土水平。此方法适合于土壤有机质含量小于 5% 的土壤的快速测定。

（2）仪器设备。 1/100 天平。

（3）操作步骤。 取一干净铝盒，加入适量酒精，燃烧使其干燥，盖上盖子，待冷却后在天平上称质量（m_4）。称取 10.00g 待测土壤于铝盒中并摊平，加入酒精使土壤接近饱和，点火燃烧，待火熄灭后，加入酒精再燃烧，经过 3~4 次燃烧后，土壤接近干土状态，盖上盖子，待冷却后称质量（m_5）。

（4）结果计算。

$$土壤含水量（\%）=\frac{10-(m_5-m_4)}{m_5-m_4}\times100\% \qquad (3-3)$$

式中：m_4——烘干空铝盒质量（g）；

10——烘干前土样的质量（g）；

m_5——烘干后铝盒和土样的总质量（g）。

3.2 田间持水量的测定

田间持水量是指在地下水位较深的情况下，降水或灌溉水等地面水进入土壤，借助于毛管力保持在上层土壤的毛管孔隙中的水分含量。田间持水与来自地下水的毛管水不相连，好像悬挂在上层土壤中一样，故称之为毛管悬着水，它是山区、丘陵、岗坡地及地下水位较低等地势较高的地上植物吸收的主要水分形态。田间持水量是毛管悬着水达到最大量时的土壤含水量。该数值的大小取决于土壤质地、结构、有机质含量、黏粒类型及耕作状况等。在数量上包括吸湿水、膜状水和毛管悬着水。若继续供水超过田间持水量，并不能使该土体的持水量再增大，只能向下渗，湿润下层土壤。土壤田间持水量在生产实践中应用较多，在计算土壤的有效含水量、不同作物在不同生长期的土壤适宜含水量和确定灌溉定额时，都需要测定它。

3.2.1 田间测定

(1) 方法原理。在田间，经过大量降雨或灌水使土壤饱和，待排除重力水后，在没有蒸发和蒸腾的条件下，测定土壤水分达到平衡时的含水量。地下水埋深大于 3m 的土层所保持的主要是毛管悬着水。当地下水位浅到测定土层处于毛管上升水范围时，地下水位越浅，测得的田间持水量越大，故测定结果必须注明地下水的深度。

(2) 仪器与工具。1/100 天平、木框（正方形，框内面积 1m²，框高 20～25cm，下端削成楔形，并用白铁皮包成刀刃状，便于插入土内）、提水桶、铝盒、土钻、铁锹、干燥箱、塑料布（正方形，面积约为 5m²）、青草或干草、米尺、木板等。

(3) 操作步骤。在田间选择一块面积为 4m² 有代表性的比较平坦的地块，仔细平整土面。在地块中央插入木框，一般插入 10cm 深（或达犁底层），框内为测试区。在其周围筑一正方形的坚实土埂，埂高 40cm，埂顶宽 30cm，框与土埂间为保护区。在测试区附近挖一土壤剖面，观察土壤剖面特征，按发生层次在剖面壁采样测定各层土壤自然含水量和容重。根据测得的土壤含水量算出待测土层（1m 左右）中的总贮水量，从容重和密度的结果算出待测土层中孔隙总容积，从中减去现有的总贮水量，求出待测土层全部孔隙为水充满所需补充灌入的水量。为了保证土壤湿透并达到预测深度，实际灌水量将为计算出的水量的 1.5 倍。按下式计算测试区和保护区的灌水量：

$$Q = \frac{H \times (A - W) \times D \times S \times h}{\rho} \qquad (3-4)$$

式中：Q——灌水量（m³）；

$\qquad$ H——使土壤达饱和含水量的保证系数；

$\qquad$ A——土壤饱和含水量（%）；

W——土壤自然含水量（%）；

D——土壤容重（g/cm³）；

S——测试区面积（m²）；

h——土层需要灌水的深度（m）；

ρ——水的密度（1g/cm³）。

土层需要灌水的深度（h）视测定田间持水量的目的而定。确定作物灌水定额时，h 可定为 1m 左右；如为排水用，h 应等于地下水深度。H 值大小与土壤质地和地下水位深度有关。通常为 1.5～3.0。一般黏性大或地下水位浅的土壤选用 1.5，反之选用 2.0 或 3.0。

灌水前，在测试区和保护区各插厘米尺一根。灌水时为防止土壤冲刷，应在灌水区内铺垫草或席子。先在保护区灌水，灌到一定程度后立即向测试地块灌水，使内外均保持 5cm 厚的水层，直至灌完为止。灌水渗入土壤后，为避免土表蒸发，可在上面覆盖青草或秸秆稻草等，再盖一块塑料布，以防雨水淋入。

轻质土壤在灌水后 1d 即可采样测定，而黏质土壤必须经 2d 或更长时间才能采样测定。采样时在测试区上搁置一木板，人站在木板上，按木框的对角线位置掀开土表覆盖物，用土钻打三个钻孔，每个钻孔自上而下依土壤发生层次分别采土 15～20g，放入铝盒，盖上盒盖，带回实验室测定含水量。在保护区中取些湿土将钻孔填满，盖好覆盖物。以后每天测定一次，直到前后两天的含水量无显著差异，水分运动基本平衡时为止。一般沙土需 1～2 昼夜，壤土需 3～5 昼夜，黏土需 5～10 昼夜才能基本达到平衡。

（4）结果计算。

①田间持水量的计算。计算某一土层的田间持水量，只需在该层逐次测得的土壤含水量中取结果相近的平衡值即可。在计算整个土壤剖面的田间持水量时，由于土壤各层次的厚度、含水量和容重各不相同，应当用加权平均法来计算。计算公式如下：

$$田间持水量 = \frac{W_1 d_{v_1} h_1 + W_2 d_{v_2} h_2 \cdots W_n d_{v_n} h_n}{d_{v_1} h_1 + d_{v_2} h_2 \cdots d_{v_n} h_n} \quad (3-5)$$

式中：W_1、W_2、$\cdots W_3$——各土层含水量（%）；

d_{v_1}、d_{v_2}、$\cdots d_{v_n}$——各土层容重（g/cm³）；

h_1、h_2、$\cdots h_n$——各土层厚度（cm）。

②水分储藏量的计算。水分储藏量用水层的厚度表示比较方便，因为它与面积无关，并可直接与降水量（mm）比较。设 W 是计算得的土壤含水量（%），h 是要计算水分储藏量的土层厚度（cm）。

假设土柱的底部为 100cm²，高 h（cm），则土柱体积为 $100 \times h$（cm³）；土

壤容重为 d 时，其干土重为 $100 \times h \times d$（g），则土壤含水量为 W 时，土柱中的水分储量为：

$$\frac{100 \times h \times d \times W}{100} = h \times d \times W \text{（g 或 cm}^3 \text{ 的水）} \quad (3-6)$$

土柱面积为 100cm^2 时，这些水层的厚度为：

$$\text{水层厚度（cm）} = \frac{100 \times h \times d \times W}{100}$$

$$\text{或水层厚度（mm）} = \frac{100 \times h \times d \times W}{10} \quad (3-7)$$

3.2.2 室内测定

(1) 方法原理。当原状土样在水分饱和后，在重力作用下，土体中部分水分向下流动，直到与土壤吸力所保持的水分达到平衡时，土体中的含水量为最大持水量（即田间持水量）

(2) 仪器设备。 1/100 天平，烘箱，干燥器等。

(3) 操作步骤。

①在野外用环刀采取原状土样，用削土刀削去两端多余的土，在两端盖上盖子，带回室内，到实验室后打开两端的盖子，下端套上垫有滤纸的有孔底盖，放入水中饱和一昼夜（环刀上口要高出水面 1～2mm，勿使环刀内的土壤淹水，以免空气封闭在土里影响测定结果）。

②在相同土层采土样 500g，风干，通过 18 目（筛孔直径 1mm）或 10 目筛（筛孔直径 2mm），装入另一环刀中，装土时要轻抬击实，并且稍微装满些。

③将装有饱和水分的湿土的环刀底盖打开，连同滤纸一起放在装有风干土的环刀上，环刀上口套上套环，并盖一小块塑料布，以防水分蒸发，为使环刀与土之间接触紧密，在塑料布上需压上适当重的重物。

④经过 8h 的吸水过程后，从上面环刀（盛原状土）中取土 10～15g，用烘干法测定含水量，此值即为土壤的田间持水量。

本实验要进行 2～3 次重复，重复间允许误差为 ±1%，取平均值。

3.3 土壤水吸力的测定

土壤水吸力简称吸力，是土壤水能量状态的一种表示方法。土壤是一种非均质的多孔体，当其孔隙未充满水时，都有吸水的能力，并将水保持在土中，这一性质，来自土壤固-液界面上的界面张力和固体颗粒的吸附力，两者统称为土壤吸力或称基质（基模）吸力，土壤中的溶质也对水产生吸力，称为溶质吸力，基质吸力与溶质吸力之和称为土壤总吸力，它决定着植物对土壤水的吸收利用。

溶质吸力一般以测定土壤可溶性盐溶液的渗透压来估计，土壤水吸力的测定有张力计法、压力膜法、离心机法、冰点下降法等。张力计法虽然只能测定＜85kPa 的吸力值，但因它能直接在田间定点测量土壤水分的能量状况，并可用来指示作物的丰产灌溉，所以得到相当广泛的应用。

3.3.1 方法原理

土壤张力计由陶土管、真空表（负压表）和集气管三部分组成，在仪器完全充满水、密封、插入土壤后，仪器内处于气压下的自由水通过陶土管壁与土壤水有了水力接触，土壤的水势与仪器的水势必然要逐渐达到平衡。设仪器的水势为 ψ_{WD}，土壤的水势为 ψ_{WS}，则

$$\psi_{WS} = \psi_{WD} \tag{3-8}$$

当忽略了重力势 ψ_g、温度势 ψ_t、溶质势 ψ_s 后，土壤的水势、仪器的水势分别为：

$$\psi_{WS} = \psi_{PS} + \psi_{MS} \tag{3-9}$$

$$\psi_{WD} = \psi_{PD} + \psi_{MD} \tag{3-10}$$

式中：ψ_{PS}——土壤水的压力势；

ψ_{MS}——土壤水的基质势；

ψ_{PD}——仪器水的压力势；

ψ_{MD}——仪器水的基质势。

将式（3-9）和式（3-10）代入式（3-8），则

$$\psi_{PS} + \psi_{MS} = \psi_{PD} + \psi_{MD} \tag{3-11}$$

因为土壤水的压力势（以大气压为参比）为零，而仪器内无基质（土壤），故基质势为零，则

$$\psi_{MS} = \psi_{PD} \tag{3-12}$$

或

$$\psi_{MS} = V_W \Delta p_D \tag{3-13}$$

式（3-13）中的 V_W 为水的比容 $1cm^3/g$，Δp_D 为仪器所表示的压力（差）。故式（3-13）表示土壤水的基质势可由仪器所表示的压力（差）来量度。

当土壤被降雨或灌溉重新湿润时，土壤吸力减小，与仪器原来的负压力不平衡，土壤水便会重新经陶土管壁而压入仪器中，使仪器的负压下降，直至与土壤吸力达到新的平衡为止，当土壤饱和时吸力（负压力）为零。

土壤的吸力与土壤水的基质势在数值上是相等的，只是符号相反，一般情况下，土壤水基质势为负值，土壤水吸力为正值。

土壤张力计只能测定 85kPa 以下的土壤水吸力，也就是只能测定比较湿润

的土壤水吸力。

3.3.2 仪器设备

(1) 土壤张力计。张力计由陶土管、真空表、集气管三部分构成，如图 3-1 所示。

①陶土管。陶土管是仪器的感应部件，是孔径为 $2\mu m$ 左右的多孔体，陶土管孔隙充分被水湿润后，孔隙间形成一层水膜，具有张力，在一定的压力差下，能通过水而阻止空气通过。水膜在一定的压力下破裂而让空气透过时的压力值称为透气值，它是仪器作用功能的一个临界指标，陶土管的透气值应略高于 1bar。陶土管的透水性影响仪器的灵敏度，在保证达到规定透气值的前提下，其透水性越大越好。

②真空表。真空表是张力计的指示部件，张力计一般用汞柱或真空表来指示负压值。汞柱玻璃管以选用内径为 3mm 左右的厚壁玻管为宜，这样代换容量大（每毫升水的变化所造成的负压值的变化称为代换容量），且不易折断，一般用于张力计的真空表采用弹簧管负压表，其精密度为 2.5 级，即误差为 2.5%；真空表的代换容量影响仪器的灵敏度，体形小的真空表代换容量大。

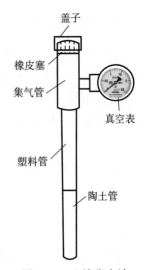

图 3-1　土壤张力计

③集气管。集气管是为收集进入仪器内部的空气之用，在使用过程中，仪器内部的水经常通过陶土管与土壤水交换，溶解在土壤水中的空气便可能进入仪器，在一定负压下，这部分溶解的空气便气化而聚集到集气管中，集气管中的空气达到集气管容量的 1/3 时，应灌水排气。

(2) 其他仪器。包括开口土钻（直径略小于陶土管的直径）、刮土刀、试样罐（$h=12cm$，内径 10.2cm，罐底均匀地钻有 1.5mm 的小孔，罐顶罐底加盖）或试样盘钵、击实槌、铝盒、天平、烘箱等。

3.3.3 操作步骤

(1) 张力计的准备。

①将土壤张力计完全充满水，使之封闭，具体方法如下：将仪器直立，在仪器中充满无气的水，不加塞和盖，让水浸润陶土管，待至陶土管壁冒出水珠，直至滴出，再等数分钟，这样陶土管壁的大部分孔隙已被水充满，再将水注满仪器，加塞和盖使仪器密封，置张力计于通风处，使陶土管中的水分蒸发。张力计

最好直立，略微倾斜，使真空表的出口向上，便于表中的空气排至集气管中，蒸发数小时后，真空气的负压可升至约 60kPa，轻轻拍打仪器，使仪器内的空气聚集到集气管中，将陶土管浸入水中，使它吸水，集气管中的空气部分便逐渐缩小，真空表指针也逐渐回到零，然后拔去塞子，重新在集气管中灌满水（无 CO_2 水），密封，再让陶土管中的水分蒸发，如此反复 4～5 次，当陶土管中的水分在空气中蒸发完毕，仪器内负压可升至 85kPa 以上，吸水时真空表指针较快地退回；吸水完毕，集气管内膨胀的空气收缩成很小的气泡，表明仪器内部埋存的空气已基本除尽，仪器已可使用。将除好气的张力计的陶土管浸泡在无 CO_2 水中待用。

②测量零位校正值：将已除过气的张力计垂直浸入水中，让水面保持在陶土管的中部，此时的真空表读数即为零位校正值。

（2）土样制备。

①取一个底面上有小孔的 1L 塑料烧杯，放入一张与杯底一样大小的滤纸，然后称重（W_1）。

②称取通过 18 目筛（筛孔直径 1mm）或 10 目筛（筛孔直径 2mm）的风干土样 10g，测定其含水量。

③称取通过 18 目筛（筛孔直径 1mm）或 10 目筛（筛孔直径 2mm）的风干土样 1 000～1 500g，放入已称重的塑料烧杯内，轻拍击实，称重（W_2）；浸泡在水中，水面较烧杯上缘低 3～5cm，饱和一昼夜，取出，稍滴水后，用一张尼龙薄膜把其底部包扎一下，称重（W_3）。

（3）安装土壤张力计。 在盛有湿土样烧杯的中心先用小土钻钻一土孔，孔径略小于陶土管直径，然后将深度为 10～30cm 张力计插入，撒入一些该土层的碎土，灌入少量的水，再填上土壤，使陶土管与土样紧密贴合，称重 W_4。

（4）观测读数。 仪器安装好之后，一般经 2～24h 与土壤吸力达到平衡，平衡之后，即可开始观察张力计读数（读数的时间最好在清晨，以免测点和仪器因温度不同而造成误差，如对读数怀疑可轻轻敲打真空表，以消除可能产生的指针擦力）。称重，让其自然蒸发，过 6d 后继续观测张力计读数，直到张力计读数为 85kPa 为止。

3.3.4 结果计算

现在土壤水吸力以 Pa（帕）、kPa（千帕）为单位。以前也用 bar（巴）、mm Hg 柱（毫米汞柱）、cm H_2O（厘米水）* 或 atm（大气压）等单位，不同单

---

* cmH_2O（厘米水）为非法定计量单位，1cm H_2O＝98.066 5Pa。

位可以相互换算。

$$真正的土壤水吸力＝张力计读数－零位校正值 \quad (3-14)$$

3.4 土壤密度和容重的测定

3.4.1 土壤密度的测定

(1) 方法原理。土壤密度的大小取决于土壤的矿物质组成、有机质含量以及母岩、母质的特性。一般土壤有机质多，土壤密度就低。因此，土壤密度可以间接地反映土壤化学组成状况，土壤密度也是计算土壤孔隙所必需的数据。在测定土壤颗粒组成时，为了应用司笃克斯公式计算颗粒沉降的速度，也须知道土壤密度。

(2) 仪器设备。密度瓶（又称比重瓶，25mL 或 50mL）；1/100 天平；酒精灯。

(3) 操作步骤。

①取密度瓶，洗净，加蒸馏水至瓶 3/4 处，去瓶盖，将密度瓶放在酒精灯上煮沸 5～10min，以除去空气，然后取下密度瓶，稍冷，加上瓶盖放于盛有冷水的烧杯中将其冷却至室温，打开瓶塞，用滴管沿瓶壁慢慢加入煮沸后又经冷却的蒸馏水至满，加上瓶盖（注意瓶塞内小毛细管必须充满水），用干净的滤纸擦干瓶外壁的水，稍放一会待完全干燥后，称重（W_0）。将瓶内的水全部倒出，擦干，称瓶重。

②称取 2～4g 通过 18 目筛（筛孔直径 1mm）的风干土样，用小漏斗细心地将土样移入密度瓶内。以少量蒸馏水将留在小漏斗上的土粒洗入瓶内，勿使瓶内水分超过容积的 1/3，慢慢摇动密度瓶，使土粒分散，混匀。将密度瓶放在酒精灯上煮沸 15～20min，除去土壤里面的空气，不能使瓶内液体溢出，若泡沫太多，可滴加 1～2 滴酒精消泡。取出后，稍冷，放于冷水中冷却至室温，用滴管沿瓶壁慢慢加入煮沸后又经冷却的蒸馏水，待水加满，土粒下沉后，塞好瓶塞使多余的水分自瓶塞毛细管中溢出，用滤纸将瓶外水分擦干，待干燥后立即称重（W_1）。

(4) 结果计算。

$$土壤含水量（\%）＝\frac{风干样品质量－烘干样品质量}{烘干样品质量}\times100\%$$

$$(3-15)$$

$$土壤密度＝\frac{烘干样品质量}{W_1-W_0-烘干样品质量}\times\rho_w \quad (3-16)$$

式中：W_1——密度瓶和风干样品和水的总质量（g）；

$\quad\quad W_0$——密度瓶和水的总质量（g）；

$\quad\quad \rho_W$——水的密度（g/cm^3）。

3.4.2 土壤容重的测定

土壤容重大小与土壤质地、结构、有机质含量、土壤紧实度和耕作措施等有关，板结土壤容重较大，而疏松肥沃的土壤容重较小。耕作土壤中，耕作层容重一般为 1.00～1.30g/cm^3，土层越深，容重越大，可达 1.40～1.60g/cm^3。容重影响土壤的通气性、透水性，当容重达到 1.40g/cm^3 以上时，不利于作物根系生长。土壤容重还能说明土壤颗粒排列紧实情况。根据土壤容重可以计算出一定面积、一定深度内的土壤总质量及土壤孔隙度等，因而土壤容重是土壤较重要的物理性质指标。

（1）方法原理。 土壤容重是指在自然结构的情况下，单位容积土壤的质量，通常以 g/cm^3 表示。

（2）仪器与工具。 1/100 天平、环刀（用无缝钢管制成，一端有刀口，环刀容积一般为 100cm^3）、钢制环刀托（上有两个小孔，在环刀采样时空气由此排出）、削土小刀（刀口要平直）、小铁铲、酒精灯或沙浴、铁三角等。

（3）操作步骤。

①将空环刀擦干净，放在天平上称质量（m_1），并量其直径和高度。

②选好欲测的耕地，将采样土壤处用铁铲铲平。将环刀托套进已知质量环刀的上部，然后将刀口向下压入要测定的土层里，直到环刀托与土面水平时停止。用铁铲把环刀周围的土铲开，取出，装满土的环刀，除去环刀托，并用小刀子小心地削去环刀两端多余的土壤，将环刀擦净后在天平上称质量（m_2）。

③取一干净铝盒，加入适量酒精，燃烧使其干燥，盖上盖子，待冷却后在天平上称质量（m_3）。从环刀中称取 10.00g 待测土壤于铝盒中并摊平，加入酒精使土壤接近饱和，点火燃烧，待火熄灭后，加入酒精再燃烧，经过 3～4 次燃烧后，土壤接近干土状态，盖上盖子，待冷却后称质量（m_4）。

（4）结果计算。

$$土壤含水量（\%）=\frac{10-(m_4-m_3)}{m_4-m_3}\times100\% \quad\quad (3-17)$$

$$土壤容重=\frac{环刀中全部烘干土质量}{环刀体积}$$

$$=\frac{\dfrac{m_2-m_1}{土壤含水量百分数+1}}{100}=\frac{m_2-m_1}{100\times(土壤含水量百分数+1)} \quad (3-18)$$

3.4.3 土壤孔隙度的计算

土壤孔隙度是用来表示土壤中各种孔隙总量的指标，是指单位容积土壤中孔隙的容积所占的百分数，孔隙度的大小主要取决于土壤质地、结构和生物活动，它影响土壤水分、空气和温度状况，土壤孔隙度是根据土壤容重和土壤密度计算而来，其计算公式如下：

$$土壤孔隙度（\%）= \left(1 - \frac{土壤容重}{土壤密度}\right) \times 100\% \qquad (3-19)$$

3.5　土壤机械组成的测定

土壤的机械组成（也称为颗粒组成），是指土壤中各粒级所占的比例，不同土粒具有不同的矿物质和化学组成。土壤中各粒级所占的比例不同，土壤中孔隙的大小和相对的数量也不一样，因此土壤的机械组成对土壤水分、空气、养分、微生物活动、耕性等都有显著的影响，土壤颗粒组成分析的目的就是对土壤中大小不同的各级土粒进行定量，从而判定其颗粒组成和土壤质地类别，它是土壤学中基本的分析项目之一。

土壤颗粒组成分析的方法目前最常用的有吸管法和比重计法，这两种方法都是以司笃克斯（G. Stokes）定律为基础的。吸管法操作烦琐，但较精确；比重计法操作较简便，适于大量测定，但精确度略差。在比重计法中，按其测定繁简的程度和测定结果的精确度不同，分为常用比重计法和简易比重计法。此外，土壤颗粒组成分析方法还包括手感法，手感法根据土壤的物理机械特征——可塑性、黏结性，粗略判断土壤的沙粒、粉粒及黏粒的比例，手感法适用于野外初步确定土壤质地。以下介绍常用的简易比重计法。

3.5.1 方法原理

土壤悬液中不同大小的颗粒，将随时间的推移依次下降，悬液的密度也将随时间的推移而减少，因此根据在不同时间内某一深度悬液密度的测定结果，可按司笃克斯定律计算出土粒组成的百分数。

3.5.2 仪器设备

秒表、甲种比重计、温度计（0～100℃）、水浴锅、电热板、1/100天平、1/10 000天平、恒温箱。

3.5.3　试剂配制

（1）0.05mol/L NaOH 溶液。 称取 20g 氢氧化钠（NaOH，化学纯或分析纯），溶于蒸馏水中，用蒸馏水定容至 1L，摇匀，贮存于塑料瓶中备用。

（2）0.05mol/L 1/2 Na₂C₂O₄ 溶液。 称取 33.5g 草酸钠（$Na_2C_2O_4$，化学纯或分析纯），溶于蒸馏水中，用蒸馏水定容至 1L，摇匀。

（3）0.05mol/L 1/6 (NaPO₃)₆ 溶液。 称取 51g 六偏磷酸钠 $[(NaPO_3)_6$，化学纯或分析纯]，溶于蒸馏水中，用蒸馏水定容至 1L，摇匀。

3.5.4　操作步骤

（1）分离砾石。 制样时土样中的石砾要随时拣出，必要时须称其质量，计算其占全部风干土样的质量百分率，以便换算机械组成结果。由于一般农业土壤中不含砾石（粒径>2mm），所以这一步骤一般可以省略，如果土壤中含有砾石不是很多，也可以在制样时把它筛去，而不计其质量。

（2）吸湿水的测定。 称取 50g 通过 10 目筛（筛孔直径 2mm）或 18 目筛（筛孔直径 1mm）的风干土样（精确至 0.01g），置于瓷蒸发皿中。

（3）样品分散。 根据土壤 pH 分别选用分散剂。石灰性土壤：50g 土加 0.05mol/L 1/6 (NaPO₃)₆ 50mL；中性土壤：50g 土加 0.05mol/L 1/2 Na₂C₂O₄ 50mL；酸性土壤：50g 土加 0.05mol/L NaOH 50mL。

①煮沸法：将分散剂加入盛有样品的 500mL 三角瓶中，再加入蒸馏水，使三角瓶内土液体积约达 250mL，盖上小漏斗，放在电热板上加热煮沸，在未沸腾前，应经常摇动三角瓶，以防土粒沉积瓶底结成硬块或烧焦（既影响分散，又可能因瓶底冷热不匀而发生破裂）。煮沸后保持微沸半小时（也应注意摇动）。

②研磨法：先加一部分分散剂润湿土壤，并调到稠糊状，静置 30min，使分散剂充分作用，然后用带橡皮头的玻璃棒研磨 5～20min，使之分散完全，再加入剩下的分散剂，搅匀。

（4）筛分沙粒及制备悬液。 将筛孔直径为 0.2mm 或 0.25mm 的小铜筛放在漏斗上，一同放在 1L 量筒（沉降筒）上，将瓷蒸发皿中的悬液通过 0.2mm 或 0.25mm 筛孔，用橡皮头玻璃棒轻轻洗擦筛上颗粒，并用蒸馏水冲洗干净，使<0.2mm 或<0.25mm 的土粒全部进入沉降筒，直至筛下流出的水呈清液为止（这时留在小筛上的土粒即为 2～0.2mm 或 1～0.25mm 的沙粒），但洗水量不能超过 1L。将留在小铜筛上的>0.2mm 或>0.25mm 的沙粒移入已知质量的瓷蒸发皿中，倾去上部清液，在水浴上蒸干，再放在 105～110℃烘箱中烘干，称重（精确 0.01g），并计算百分数。将盛有土液的量筒（沉降筒）用蒸馏水定容至 1L。

（5）测定悬液温度。

①将盛有土液的量筒（沉降筒）置于昼夜温度变化较小的实验室内的平稳桌面上。测定悬液温度。用搅拌棒上下搅动悬液 1min（约 30 次，搅拌棒的多孔片不要提出液面），使悬液均匀分布。

②记录开始沉降时间，按表 3 - 1 或表 3 - 2 中所列温度、时间和粒径的关系，根据所测液温度待测的粒级最大直径，选定测甲种比重计读数的时间，并在选定的时间前 10～15s 将甲种比重计轻轻插入悬液中，勿使其左右摇摆，上下浮沉，到了选定时间读出弯液面和甲种比重计相接的上缘的刻度读数，此读数经必要的校正后即代表直径小于所选定的毫米数的土粒的累积含量，依照上述手续，分别测出 < 0.02mm、< 0.002mm（或 0.05mm、0.01mm、0.005mm 及 0.001mm）等各级土粒的甲种比重计读数。

表 3 - 1　小于某粒径颗粒沉降时间

温度/℃	<0.05mm			<0.01mm			<0.005mm			<0.001mm		
	时	分	秒	时	分	秒	时	分	秒	时	分	秒
4		1	32		43		2	55		48		
5		1	30		42		2	50		48		
6		1	25		40		2	50		48		
7		1	23		48		2	45		48		
8		1	20		37		2	40		48		
9		1	18		36		2	30		48		
10		1	18		35		2	25		48		
11		1	15		34		2	25		48		
12		1	12		33		2	20		48		
13		1	10		32		2	15		48		
14		1	10		31		2	15		48		
15		1	8		30		2	10		48		
16		1	6		29		2	5		48		
17		1	5		28		2	0		48		
18		1	2		27	30	1	55		48		
19		1	0		27		1	55		48		
20			58		26		1	50		48		
21			56		26		1	50		48		

（续）

温度/℃	<0.05mm			<0.01mm			<0.005mm			<0.001mm		
	时	分	秒	时	分	秒	时	分	秒	时	分	秒
22		55			25		1	50			48	
23		54			24	30	1	45			48	
24		54			24		1	45			48	
25		53			23	30	1	40			48	
26		51			23		1	35			48	
27		50			22		1	30			48	
28		48			21	30	1	30			48	
29		46			21		1	30			48	
30		45			20		1	28			48	
31		45			19	30	1	25			48	
32		45			19		1	25			48	
33		44			19		1	20			48	
34		44			18	30	1	20			48	
35		42			18		1	20			48	
36		42			18		1	15			48	
37		40			17	30	1	15			48	
38		38			17		1	15			48	
39		37			17		1	10			48	
40		37			17		1	10			48	

表 3-2　粒径小于 0.02mm 和 0.002mm 颗粒沉降时间

温度/℃	<0.02mm			<0.002mm		
	时	分	秒	时	分	秒
4		9	48	18	9	
5		9	30	17	36	
6		9	13	17	4	
7		8	56	16	33	
8		8	40	16	3	
9		8	25	15	35	
10		8	11	15	9	
11		7	57	14	43	

（续）

温度/℃	<0.02mm			<0.002mm		
	时	分	秒	时	分	秒
12		7	44	14	19	
13		7	31	13	56	
14		7	20	13	34	
15		7	8	13	12	
16		6	57	12	52	
17		6	46	12	32	
18		6	36	12	13	
19		6	26	11	55	
20		6	17	11	38	
21		6	8	11	21	
22		5	59	11	5	
23		5	50	10	50	
24		5	43	10	34	
25		5	35	10	20	
26		5	27	10	6	
27		5	20	9	53	
28		5	13	9	40	
29		5	6	9	27	
30		5	00	9	15	
31		4	53	9	3	
32		4	47	8	52	
33		4	42	8	41	
34		4	36	8	31	
35		4	30	8	20	
36		4	25	8	11	
37		4	20	8	1	
38		4	15	7	52	
39		4	10	7	48	

3.5.5 结果计算

（1）按国际制标准的计算。

①将风干土样质量换算成烘干土样质量。

$$土壤含水量（\%）= \frac{风干土样质量-烘干土样质量}{烘干土样质量}\times100\%$$

$$(3-20)$$

$$烘干土样质量 = \frac{风干土样质量（g）}{土壤含水量（\%）+1} \qquad (3-21)$$

②对甲种比重计读数进行必要的校正计算。

分散剂校正值（g/L）＝加入分散剂的体积（mL）×分散剂当量浓度×分散剂克当量质量（g）$\times10^{-3}$

温度校正值：可根据测定时悬液温度，查表3-3得出温度校正值。

校正后甲种比重计读数＝原甲种比重计读数－分散剂校正值＋温度校正值

表3-3　甲种比重计温度校正

温度/0℃	校正值/0℃	温度/0℃	校正值/0℃	温度/0℃	校正值/0℃
6.0~8.5	−2.2	18.5	−0.4	26.5	2.2
9.0~9.5	−2.1	19.0	−0.3	27.0	2.5
10.0~10.5	−2.0	19.5	−0.1	27.5	2.6
11.0	−1.9	20.0	0	28.0	2.9
11.5~12.0	−1.8	20.5	0.05	28.5	3.1
12.5	−1.7	21.0	0.3	29.0	3.3
13.0	−1.6	21.5	0.45	29.5	3.5
13.5	−1.5	22.0	0.6	30.0	3.7
14.0~14.5	−1.4	22.5	0.8	30.5	3.8
15.0	−1.2	23.0	0.9	31.0	4.0
15.5	−1.1	23.5	1.1	31.5	4.2
16.0	−1.0	24.0	1.3	32.0	4.6
16.5	−0.9	24.5	1.5	32.5	4.9
17.0	−0.8	25.0	1.7	33.0	5.2
17.5	−0.7	25.5	1.9	33.5	5.5
18.0	−0.5	26.0	2.1	34.0	5.8

③0.2mm粒径以下，小于某粒径土粒含量（X）（%）的计算。

$$X = \frac{校正后甲种比重计读数}{烘干土样质量}\times100\% \qquad (3-22)$$

④各粒级颗粒烘干质量占烘干土样质量百分数的计算。

$$2\sim0.2\text{mm 粒级颗粒含量（\%）}=\frac{2\sim0.2\text{mm 粒级颗粒烘干质量}}{\text{烘干土样质量}}\times100\%$$

$$(3-23)$$

$$0.02\sim0.002\text{mm 粒级颗粒含量（\%）}=\frac{0.02\sim0.002\text{mm 粒级颗粒烘干质量}}{\text{烘干土样质量}}\times100\%$$

$$(3-24)$$

$$<0.002\text{mm 粒级颗粒含量（\%）}=\frac{<0.002\text{mm 粒级颗粒烘干质量}}{\text{烘干土样质量}}\times100\%$$

$$(3-25)$$

0.2~0.02mm 粒级颗粒含量（%）＝100%－［2~0.2mm 粒级颗粒含量（%）＋（0.02~0.002mm 粒级颗粒含量（%）＋<0.002mm 粒级颗粒含量（%）］ $\qquad (3-26)$

2~0.02mm 粒级颗粒含量（%）＝2~0.2mm 粒级颗粒含量（%）＋0.2~0.02mm 粒级颗粒含量（%） $\qquad (3-27)$

(2) 按卡庆斯基标准的计算。

3~1mm 细砾含量（%）（>1mm 细砾含量百分数）

$$=\frac{3\sim1\text{mm 细砾烘干质量}}{3\sim1\text{mm 细砾烘干质量}+<1\text{mm 土样烘干总质量}}\times100\% \qquad (3-28)$$

上式中，$<1\text{mm 土样烘干总质量}=\dfrac{<1\text{mm 风干土样总质量}}{1+\text{风干土样吸湿水含量（\%）}}$

$$(3-29)$$

对甲种比重计读数进行必要的校正计算：

分散剂校正值（g/L）＝加入分散剂的体积（mL）×分散剂当量浓度×分散剂克当量质量（g）×10^{-3}

温度校正值：可根据测定时悬液温度查表 3-3 得到温度校正值。

校正后甲种比重计读数＝原甲种比重计读数－分散剂校正值＋温度校正值

0.25mm 粒级颗粒以下，小于某粒级颗粒含量（X）（%）的计算。

$$X=\frac{\text{校正后甲种比重计读数}}{\text{烘干土样质量}}\times100\% \qquad (3-30)$$

各粒级颗粒占烘干土样质量的百分数计算如下：

0.05~0.01mm 粗粉粒（%）＝［$X_{0.05}-X_{0.01}$］×（1-3~1mm 细砾含量（%））

$$(3-31)$$

0.01~0.005mm 粗粉粒（%）＝（$X_{0.01}-X_{0.005}$）×［1-3~1mm 细砾含量（%）］

$$(3-32)$$

0.005~0.001mm 粗粉粒（%）＝（$X_{0.005}-X_{0.001}$）×［1-3~1mm 细砾含量（%）］

$$(3-33)$$

$$<0.001mm \text{ 黏粒 (\%)} = X_{0.001} \times [1-3\sim1mm \text{ 细砾含量 (\%)}]$$

$$(3-34)$$

0.25～0.05mm 细砂粒含量（%）＝100%－［3～1mm 细砾含量（%）＋1～0.25mm 粗砂粒和中砂粒含量（%）＋0.05～0.01mm 粗粉粒含量（%）＋0.01～0.005mm 粗粉粒含量（%）＋0.005～0.001mm 粗粉粒含量（%）＋<0.001mm 黏粒含量（%）］　　　　　　　　　　　　（3－35）

3.5.6　注意事项

（1）甲种比重计法 2 次平行测定结果允许差黏粒级＜3%，粉（沙）粒级＜4%。

（2）沉降筒应放置于昼夜温差小的地方，避免阳光直射而导致悬液涡流，影响土粒自由沉降。

（3）搅拌悬液时上下速度要均匀，搅拌棒向下要触及沉降筒底部，使全部土粒都能悬浮。搅拌棒向上时，有孔金属片不能露出液面，一般至液面下 3～5cm 高度即可，否则会使空气压入悬液，致使悬液产生涡流现象，影响土粒开始时的沉降。

（4）在测定时甲种比重计应轻放轻取，尽可能避免摇摆和震动，以保证土粒自由沉降。甲种比重计应放于盛有悬液的沉降筒中心，其浮泡不能和四周筒壁接触。

（5）甲种比重计放入悬液里的时间与读数时间尽可能缩短，放入过早，会因甲种比重计浮泡荷载土粒太多而使读数偏低；放入过迟，既缺少一个甲种比重计放入后自由浮动所需要的相对稳定时间，又可能耽误规定读数时间，一般提前 10～15 s 将甲种比重计放入悬液，具体视分析人员的熟练程度而定，读数后即取出甲种比重计，放入盛有蒸馏水的量筒中洗涤，以备下一个规定读数时间所用。

（6）温度的校正。甲种比重计的刻度是以 20℃ 为准的，但测定时悬液温度不一定是 20℃。温度的不同影响土粒的沉降速度，因此每次测定悬液密度后，还须测定悬液的温度，计算温度校正值，温度校正值可由表 3－3 查出，即可计算出实测数值。

3.6　土壤团粒结构的分析

3.6.1　方法原理

土壤团聚体是指粒径大于 0.25mm 的颗粒。它有不同的大小、形状和孔隙，并具有不同程度的机械稳定性、水稳性和生物稳定性。水稳性团粒是指粒径为0.25～10mm在水中不易散碎的球状多孔团聚体，它对土壤的通气、透水、蓄水及养分的保存和释放有良好的作用，测定水稳性团粒结构的方法有手工筛分法和机械筛及分法，本实验采用的是经过改进的约得尔（R. E. Yoder）法。

3.6.2 仪器设备

团粒分析仪［含水桶4只，筛子5套（筛孔直径分别为5mm、2mm、1mm、0.5mm和0.25mm）］，筛孔直径为2mm和5mm土壤筛（含底、盖），1/100天平，水浴锅（6孔或4孔）等。

3.6.3 操作步骤

（1）样品的采集和处理。土壤结构样品的采集，要注意土壤湿度，不宜过干或过湿，最好在不黏铲时采取，采样面积10cm²，深度视需要而定，从下到上分层采取，一般耕作层取样不小于10个点，注意不使土块受挤压以保持其原来的结构，剥去土块外面直接与土铲接触而变形的土壤，均匀地取内部的土壤1.5～2kg，放在木盒或铁盒内带回室内，将带回的标本进行风干，稍阴干时即将土壤沿自然结构面轻轻地掰开成直径约1cm的小土块，除去粗根和小石块，风干后用四分法，一直分到所需的样品量（250g）为止。为了保证样品的代表性，可以将样品干筛分为三级粒径，即＞5mm、2～5mm和＜2mm粒径，然后按其干筛百分数比例分别取不同粒径样品，配成共50g土样，供湿筛用。

（2）将套筛（从上到下的筛孔直径顺序为5mm、2mm、1mm、0.5mm、0.25mm）固定在振荡架上并置于水桶中，桶内加蒸馏水至一定高度使套筛上面筛的上沿部分在升到最高时略露出水面约1cm。将土样放入套筛上，开动马达，使套筛在水中上下振动30min。

（3）振荡架慢慢升起，使套筛离开水面，待水销干后，用洗瓶轻轻冲洗最上面的筛子（即筛孔直径为5mm的筛子），以便把留在筛上的小于5mm的团聚体洗到下面筛中，冲洗时应注意不要把团聚体冲坏，然后将留在各级筛子上的团聚体分别洗入蒸发皿中。倾倒出蒸发皿中的清液，然后放在电热板上蒸干称重（蒸发皿须事先编号称重）。

3.6.4 结果计算

$$各级团粒比例（\%）＝\frac{各级团粒干质量}{土壤烘干质量}×100\% \qquad (3-36)$$

各级团粒比例（%）之和为总团粒比例（%）。

$$各级团粒占总团粒比例（\%）=\frac{各级团粒比例（\%）}{总团粒比例（\%）}\times100\%$$

$$(3-37)$$

本法须进行 2 次平行测定，在某些情况下，则需要较多的重复次数，平行误差不超过 3%。

3.6.5　注意事项

（1）取样测定时，注意风干样不宜太干，以免影响分析结果。

（2）在进行湿筛时，应将土壤均匀地分布在整个筛面上。

（3）将筛子放到水桶中时，应轻放、慢放，避免团粒从筛中冲出。

4 土壤化学分析

4.1 土壤 pH 的测定

土壤酸碱度（pH）是土壤的基本性质，也是影响土壤肥力的重要因素之一，它直接影响土壤中养分的有效性，例如土壤中的磷酸盐在 pH 6.5～7.5 时有效性最大，当 pH 小于 6.5 或超过 7.5 时，则磷酸盐将形成难溶盐而被固定。pH 与土壤微生物活动也有密切的关系，对土壤中氮素的硝化作用和有机质的矿化影响很大，从而关系到作物的生长发育。在盐碱土中测定 pH，可以大致了解是否含有碱金属碳酸盐和土壤是否产生碱化，为盐碱土的改良和利用提供依据。土壤 pH 与很多项目的分析方法和分析结果有密切联系，审核这些项目的结果时，常须参考 pH 大小。

土壤中的酸分为活性酸和潜性酸两类。活性酸是由于在土壤液相中的游离 H^+ 存在而产生的酸，它是土壤酸度的强度因子。潜性酸是指由于土壤胶体表面吸附的 H^+ 和 Al^{3+} 所形成的酸，潜性酸是土壤酸度的容量因子，它和活性酸呈平衡关系。用蒸馏水和盐类［氯化钾（KCl）、氯化钙（$CaCl_2$）等］溶液可分别将土壤中游离 H^+ 和 Al^{3+} 提取出来进行测定。

土壤 pH 测定，通常用电位法和永久色阶比色法。电位法精度较高（约 0.02 pH 单位），比色法精度较差（约 0.2 pH 单位），常用于野外速测。用电位法测定 pH 时，为了接近自然土壤含水的情况，避免水分过多对测定结果的影响（稀释效应），一般多采用液、土比例为 2.5：1。近年来也有采用更接近于田间水分状况的液、土比例 1：1 或饱和泥浆法测定，这对于碱性土壤有较好的效果。

4.1.1 方法原理

用蒸馏水或盐溶液（1mol/L KCl，0.01mol/L $CaCl_2$）可提取土壤中的活性酸和交换性酸。以 pH 玻璃电极为指示电极，甘汞电极为参比电极，插入土壤浸出液或土壤悬液中，构成一电池反应，两极之间产生一个电位差。由于参比电极的电位是固定的，因而电位差的大小决定于试液中的氢离子活度。因此，可用电位计测定其电动势，换算成 pH，一般可用酸度计直接读得 pH。

4.1.2　仪器设备

1/100 天平、酸度计。

4.1.3　试剂配制

（1）pH 4.01 标准缓冲液：称取 10.21g 于 105℃烘干 2h 的苯二甲酸氢钾（$KHC_8H_4O_4$，分析纯），溶于蒸馏水中，用蒸馏水定容至 1L。

（2）pH 6.87 标准缓冲液：称取在 120℃烘干的磷酸氢二钠（Na_2HPO_4，分析纯）3.53g 和磷酸二氢钾（KH_2PO_4，分析纯）3.39g，溶于蒸馏水中，用蒸馏水定容至 1L。

（3）pH 9.18 标准缓冲液：称取 3.80g 硼酸钠（$Na_2B_4O_7 \cdot 10H_2O$，分析纯），溶于无 CO_2 的蒸馏水中，用蒸馏水定容至 1L。

（4）1.0mol/L KCl 溶液：称取 74.6g 氯化钾（KCl，化学纯或分析纯），溶于 400mL 蒸馏水中，该溶液的 pH 需用 10%氢氧化钾（KOH，化学纯或分析纯）和盐酸（HCl，化学纯或分析纯）调节至 5.5～6.5，然后用蒸馏水定容至 1L。

（5）0.01mol/L $CaCl_2$ 溶液：称取 147.02g 氯化钙（$CaCl_2 \cdot 2H_2O$，分析纯），溶于 200mL 蒸馏水中，定容至 1L，即为 1mol/L $CaCl_2$ 溶液，取此液 10mL 于 500mL 烧杯中，加入 400mL 蒸馏水，用少量氢氧化钙 [Ca（OH）₂，化学纯或分析纯] 或 HCl 调节 pH 约为 6，转入容量瓶中，用蒸馏水定容至 1L。

4.1.4　操作步骤

（1）仪器校准。 将 pH 计打开，切换到 pH 模式，按说明书要求调到相应校准位置，将电极插入与被测土壤 pH 相近的标准缓冲溶液中，当指示的数值与 pH 标准缓冲溶液的数值一致时，按确认读数按钮，可进行 1 点、2 点或多点标准缓冲液校准，然后进行土壤样品 pH 的测定。

（2）测定。 称取 10.0g 通过 18 目筛（筛孔直径 1mm）的风干土样，放入 50mL 烧杯中，加入 25.0mL 无 CO_2 的蒸馏水或盐溶液（1mol/L KCl 或 0.01mol/L $CaCl_2$ 溶液），搅动 1min，使土样充分分散，放置 30min，此时应避免空气中有氨或挥发性酸，然后将 pH 玻璃电极的球部插入土壤悬液，同时将甘汞电极插入上部澄清液中，将悬液轻轻转动，待电极电位达到平衡，数值稳定后按确认开关，测读 pH。性能良好的 pH 电极与悬液接触后，能迅速达到稳定读数。但对于缓冲性弱的土壤，平衡时间可能延长。每测一个样液后要用蒸馏水冲洗玻璃电极和甘汞电极，并用滤纸轻轻将电极上附着的水吸干，再进行第二个样液的测定。测定 5～6 个样品后，应用 pH 标准缓冲液校正仪器一次。国产及进口的 pH 计、离子计和电位计型号很多，使用方法详见仪器说明书。

4.1.5　注意事项

（1）我国各类土壤的 pH 变异很大，某些北方的碱土 pH 在 9 以上，西北干旱地区有些土壤 pH 为 8～9，石灰性土壤 pH 一般为 7.3～8.5；南方地区红壤、黄壤的 pH 为 4.6～6.0，有的低至 3.3～3.6。

（2）如用 $Na_2HPO_4 \cdot 12H_2O$ 配制缓冲液，需将此固体试剂置于干燥器中，放置 2 周，使成为带 2 个结晶水的 $Na_2HPO_4 \cdot 2H_2O$ 后，再经 130℃ 烘干成无水 Na_2HPO_4 备用。

（3）配制标准缓冲液的硼砂（$Na_2B_4O_7 \cdot 10H_2O$，分析纯），使用前应置于盛有蔗糖和食盐的饱和溶液的干燥器内平衡 2 周。

（4）土样加入水或 1mol/L KCl 或 0.01mol/L $CaCl_2$ 溶液后的平衡时间对测得的土壤 pH 是有影响的，且随土壤类型而异。平衡时间快者 1min 即可，慢者可为 0.5～1h。一般来说，平衡 30min 是合适的。

（5）玻璃电极插入土壤悬液后应轻微摇动，以除去玻璃表面的水膜，加速平衡，这对于缓冲性弱和 pH 较高的土壤尤为重要。

4.2　土壤氧化还原电位的测定

4.2.1　方法原理

氧化还原反应最简单的公式是：

$$氧化剂^{+m} + ne^- \rightleftharpoons 还原剂^{m-n}$$

式中：m——氧化剂电价数；

n——电子数。

上述反应式说明，氧化还原反应的实质是电子的转移，这使我们可以用电位法来测定一个系统的氧化还原能力。将铂电极插入该系统中，则在电极上产生一个电位。根据涅恩斯特公式，其电极电位（E_h）表示如下：

$$E_h = E_0 + \frac{2.303RT}{nF} \log \frac{a_{氧化态}}{a_{还原态}} \qquad (4-1)$$

式中：E_0——该系统的标准氧化还原电位，即元素氧化态与还原态的活度比值为 1 时的 E_h 值（mV）；

2.303——10 的自然对数值；

$a_{氧化态}$、$a_{还原态}$——分别为元素氧化态和还原态的活度（mol/L）；

R——气体常数［8.314 1J/（mol·K）］；

T——绝对温度；

n——电子数；

F——法拉第常数（96 500C/mol）。

从式（4-1）可知，E_h 的大小由元素氧化态和还原态活度的比值决定，与它们的绝对量无关。

以饱和甘汞电极为参比电极，将其与铂电极构成一原电池，用电位计测定电动势 E，则：

$$E = E_h（铂）- E（饱和甘汞）\qquad (4-2)$$

$$E_h（铂）= E（饱和甘汞）+ E \qquad (4-3)$$

若被测定系统为土壤，则铂电极反应的电极电位即为土壤的氧化还原电位，用 E_h 表示。

土壤采取后应立即测定，若田间离实验室较远，可用广口瓶或铝盒盛满土壤，密封后送至实验室。水田土壤以保持田间持水量为宜，旱地土壤可用蒸馏水湿润。土、水体积比例为 1∶1、1∶2、1∶5 均可。立即测定时，土、水体积比例不影响 E_h 值，但放置数小时后，水分越多，E_h 值越低。

4.2.2　仪器设备

酸度计、甘汞电极、铂电极。

4.2.3　操作步骤

以 HSD-2 型酸度计为例，操作步骤如下：

（1）接通电源，仪器预热 10min。选择开关放在＋mV 处，范围开关放到 0～7 处，这时，电表读数每 1 个 pH 单位代表 100mV。转动零点调节器使电表指针位于零处。

（2）按下读数开关，记录蒸馏水的读数（以后每测定一个土壤之前，都要将电极插入蒸馏水，等指针平衡到该读数时再测定土壤），移开蒸馏水，用滤纸吸干电极上的水分。

（3）将电极插入土壤悬液中，平衡 1min，按下读数开关，此时电表指针的读数乘以 100，再加上饱和甘汞电极电位（mV），即为土壤的 E_h 值（mV）。

4.2.4 注意事项

（1）土壤的氧化还原电位与甘汞电极电位的差数，一般为 0～500mV。范围开关一般可放在 0～7 处。

（2）在测定 E_h 值时，定位与温度调节两个旋钮不起作用，故不必调节。

（3）不同土壤，平衡时间不同。有的土壤甚至要 1h 才能达到平衡。采用统一平衡 1min 便于比较。

（4）饱和甘汞电极的电位为 243.8mV（25℃）。其温度系数为 $-0.02mV/℃$。E_h 与 pH 有关，pH 每降一个单位，E_h 增加 60mV。旱地土壤测定 E_h 时应同时测定 pH，以便校正 E_h，或表示 E_h 时注明 pH，例如 pH 为 6 时，用 E_h6 表示。水田土壤 pH 一般为 7 左右，可以不考虑 pH 的影响。

4.3 土壤有机质含量的测定

有机质是土壤的重要组成部分，其含量虽少，但在土壤肥力上的作用却很大，有机质中不仅含有多种营养元素，而且还是微生物生命活动的能量来源。土壤有机质的存在对土壤中水、肥、气、热等肥力因素起着重要的调节作用，对土壤结构和耕性也有重要的影响。因此，土壤有机质含量的高低是评价土壤肥力的重要指标之一，是经常需要分析的项目。

测定土壤有机质的方法很多，有质量法、铬酸氧还容量法和比色法等。

质量法包括古老的干烧法和湿烧法。质量法对于不含碳酸盐的土壤测定结果准确，但由于要求使用特殊的仪器设备，操作烦琐、费时，因此一般不作为例行方法。滴定法中最广泛使用的是铬酸氧还容量法，该法不需要特殊的仪器设备，操作简便、快速，测定不受土壤中碳酸盐的干扰，测定的结果也很准确。

铬酸氧还容量法根据加热的方式不同又可分为外加热法（Schollenberger 法）和稀释热法（Walkley-Black 法）。前者操作不如后者简便，但有机质的氧化比较完全（氧化程度是干烧法的 90%～95%）。后者操作较简便，但有机质氧化程度较低（氧化程度是干烧法的 70%～86%），而精密度较高，测定受室温的影响大。

比色法是利用土壤溶液中重铬酸钾还原后产生绿色铬离子（Cr^{3+}）或剩余的重铬酸钾橙色的变化，作为土壤有机碳的速测法，这种方法的测定结果准确性较差。

本实验选用铬酸氧还容量法。

用铬酸氧还容量法测定土壤有机质，实际上测得的是"可氧化的有机碳"，所以在结果计算时要乘以一个由有机碳换算为有机质的换算因数。换算因数随土壤有机质的含碳率而定。各地土壤有机质的组成不同，含碳率亦不一致，如果都用同一换算因数，势必会产生一些误差。但是为了便于各地资料的相互比较和交流，统一使用一个公认的换算因数还是必要的。目前国际上仍然一致沿用古老的所谓"VanBemmelen因数"，即1.724，这是假设土壤有机质含碳量为58%计算而来的。

4.3.1 方法原理

在外加热的条件下（油浴温度为180℃，沸腾5min），用过量的标准浓度的重铬酸钾-硫酸溶液氧化土壤有机碳，氧化后余下的重铬酸钾用硫酸亚铁来滴定，通过所消耗重铬酸钾的量，计算有机碳的含量。本方法测得的结果，与干烧法对比，只能氧化90%的有机碳，因此将测得的有机碳乘以校正系数1.1，以计算有机碳含量。在氧化和滴定过程中的化学反应如下：

$$2K_2Cr_2O_7 + 8H_2SO_4 + 3C \longrightarrow 2K_2SO_4 + 2Cr_2(SO_4)_3 + 3CO_2 + 8H_2O$$

$$K_2Cr_2O_7 + 6FeSO_4 + 7H_2SO_4 \longrightarrow K_2SO_4 + Cr_2(SO_4)_3 + 3Fe_2(SO_4)_3 + 7H_2O$$

在$1mol/L$ H_2SO_4溶液中用Fe^{2+}滴定$Cr_2O_7^{2-}$时，其滴定曲线的突跃范围为$1.22 \sim 0.85V$。滴定开始时以重铬酸钾的橙色为主，滴定过程中渐现Cr^{3+}的绿色，快到终点变为灰绿色，如标准亚铁溶液过量半滴，即变成砖红色，表示终点已到。

4.3.2 仪器设备

1/10 000天平、磷酸浴消化装置［包括1L烧杯（内放小玻璃珠或碎瓷片）］、铁丝笼、烘箱、可调温电炉、秒表。

4.3.3 试剂配制

（1）浓硫酸（H_2SO_4，分析纯）。

（2）二氧化硅（SiO_2，分析纯），粉末状。

（3）0.800 0mol/L 1/6$K_2Cr_2O_7$标准溶液：称取39.224 5g经130℃烘干2h的重铬酸钾（$K_2Cr_2O_7$，分析纯），溶于蒸馏水中，用蒸馏水定容至1L容量瓶中。

（4）0.2mol/L $FeSO_4$溶液：称取56.0g硫酸亚铁（$FeSO_4 \cdot 7H_2O$，化学纯或分析纯），溶于蒸馏水中，加浓硫酸5mL，用蒸馏水定容至1L。

（5）邻啡罗啉指示剂：称取1.485g邻啡罗啉（$C_{12}H_8N_2$，分析纯）与0.695g $FeSO_4 \cdot 7H_2O$，溶于100mL蒸馏水中。

（6）Ag_2SO_4 粉末：将适量硫酸银（Ag_2SO_4，化学纯或分析纯）研成粉末，装入密闭瓶中，贮存于避光处。

4.3.4　操作步骤

（1）称取 0.1～1g（精确至 0.000 1g）通过 100 目筛（筛孔直径 0.149mm）的风干土样，放入干燥的硬质试管中，准确加入 0.800 0mol/L 1/6 $K_2Cr_2O_7$ 标准溶液 5mL（如果土壤中含有氯化物，需先加 Ag_2SO_4 0.1g），然后加入浓 H_2SO_4 5mL，充分摇匀，管口盖上弯颈小漏斗，以冷凝蒸出的水汽。

（2）将 8～10 个试管放入自动控温的铝块管座中（试管内的液温控制约为 170℃），或将 8～10 个试管盛于铁丝笼中（每笼中均有 1～2 个空白试管），放入温度为 185～190℃的磷酸浴锅中，要求放入后磷酸浴锅温度下降至 170～180℃，以后必须控制电炉，使锅内温度始终维持在 170～180℃，待试管内液体沸腾产生气泡时开始计时，煮沸 5min，取出试管，稍冷，用自来水冲净试管外部磷酸。

（3）冷却后，将试管内容物倾入 250mL 三角瓶中，用蒸馏水洗净试管内部及小漏斗，三角瓶内溶液总体积为 60～70mL，保持混合液中 1/2 H_2SO_4 浓度为 2～3mol/L，然后加入邻啡罗啉指示剂 2～3 滴，此时溶液呈棕红色。用标准的 0.2mol/L 硫酸亚铁滴定，滴定过程中不断摇动内容物，直至溶液由橙黄→蓝绿→砖红色即为终点。记录 $FeSO_4$ 滴定体积（V，以 mL 计）。

每一批（即上述每铁丝笼或铝块中）样品测定的同时，进行 2～3 个空白试验，即取 0.500g 粉状二氧化硅代替土样，其他步骤与试样测定相同。记录 $FeSO_4$ 滴定体积（V_0，以 mL 计），取其平均值。

4.3.5　结果计算

$$土壤有机碳含量（g/kg）= \frac{\dfrac{C \times 5}{V_0} \times (V_0 - V) \times 10^{-3} \times 3.0 \times 1.1}{m} \times 1\,000$$

$$(4-4)$$

式中：C——（$1/6 K_2Cr_2O_7$）标准溶液的浓度；

　　　5——重铬酸钾标准溶液加入的体积（mL）；

　　　V_0——空白滴定用去的 $FeSO_4$ 体积（mL）；

　　　V——样品滴定用去的 $FeSO_4$ 体积（mL）；

　　　3.0——1/4 碳原子的摩尔质量（g/mol）；

　　　10^{-3}——将 mL 换算为 L 的系数；

　　　1.1——氧化校正系数；

m——烘干土样质量（g）。

土壤有机质含量（g/kg）＝土壤有机碳（g/kg）×1.724 （4-5）

式中：1.724——土壤有机碳换算成土壤有机质的平均换算系数。

4.4　土壤全氮、磷和钾的测定

4.4.1　土壤全氮的测定

土壤中的氮素绝大部分以有机态的蛋白质、核酸、氨基、糖和腐殖质等形式存在，这类有机氮的极大部分，必须经过微生物分解才能被作物吸收利用。而无机态的 NH_4^+、NO_3^- 和 NO_2^- 在土壤中含量很低，仅为全氮量的 $1\%\sim5\%$。因此，土壤全氮量的测定结果，不一定能反映采样当时的土壤氮素供应强度，但可以代表土壤总的供氮水平，从而为评价土壤基本肥力、经济合理施用氮肥，以及采取各种农业措施来促进有机氮矿化过程等提供科学依据。

测定土壤全氮的方法主要有干烧法和湿烧法。干烧法是杜马（Dumas，1331）创设，又称杜氏法，经典的杜氏法操作烦琐、费时，在土壤分析中很少采用。湿烧法是丹麦人开道尔（J. Keldahl，1883）创设，又称开氏法，本法创始以来，经过大量的研究改进。由于开氏法仪器设备简单、操作简便、省时、结果可靠、再现性好，所以迄今仍为土壤全氮测定的主要方法。

（1）方法原理。开氏法分为样品的消煮和消煮液中铵态氮的定量两个步骤。

①样品的消煮。样品用浓硫酸高温消煮时，各种含氮有机化合物经过复杂的高温分解反应转化为铵态氮（硫酸铵），这个复杂的反应，称为开氏反应。在开氏反应进行的同时，有机碳都被浓硫酸氧化为 CO_2 而逸失：

$$C+2H_2SO_4 = CO_2\uparrow +2SO_2\uparrow +2H_2O\uparrow$$

开氏反应的速度不快，通常需要利用加速剂来加速消煮过程。加速剂按成分效用不同，可分为增温剂、催化剂和氧化剂三类。常用的增温剂是硫酸钾或无水硫酸钠。消煮时的温度要求控制为 $360\sim410℃$：温度低于 $360℃$，消煮不容易完全，特别是杂环氮化合物不易分解；温度过高，易引起氮素的损失。温度的高低取决于加入盐的多少，一般应控制在每毫升浓硫酸中含有 $0.3\sim0.6g$ 盐，借以提高消煮溶液的沸点，加速高温分解过程。开氏法中用的催化剂的种类很多，主要有 Hg、HgO、$CuSO_4$、Se 等。其中 $CuSO_4$ 催化效率虽不及 Hg 和 Se，但使用时比较安全，不易引起氮素的损失。现今多采用 Cu-Se 与增温剂的盐配成粉剂或压成片状联合使用，效果较好。常用的氧化剂有 $K_2Cr_2O_7$、$KMnO_4$、$HClO_4$ 和 H_2O_2 等。但氧化剂的作用很激烈，容易造成氮素的损失，使用时必须谨慎。

样品中的有机氮是否已完全转化成盐，不能以消煮液是否清澈来判断。通常消煮到溶液开始清亮后尚须"后需"一定时间，以保证有机氮能定量地转化为铵盐。

上述消煮不包括全部硝态氮，若需包括硝态氮和亚硝态氮的全部测定，应在样品消煮前，先用高锰酸钾将样品中的亚硝态氮氧化为硝态氮，再用还原铁粉使全部硝态氮还原而转化成铵态氮。由于土壤中硝态氮一般情况下含量极少，故可忽略不计。

②消煮液中铵态氮的定量。消煮液中的铵态氮可根据要求和实验室条件选用蒸馏法、扩散法或比色法等测定。常用的蒸馏法是将含（$NH_4)_2SO_4$ 的土壤消煮液碱化，使氨逸出，用硼酸溶液吸收，然后用标准酸溶液滴定硼酸中吸收的氨，从而计算土样中全氮的含量。其反应为：

$$NH_4^+ + OH^- = NH_3\uparrow + H_2O$$
$$NH_3 + H_3BO_3 = NH_4^+ + H_2BO_3^-$$
$$H^+ + H_2BO_3^- = H_3BO_3$$

硼酸吸收 NH_3 的量，大致可按 1mL 1% H_3BO_3 最多能吸收 0.46mg N 计算。

(2) 仪器设备。 1/10 000 天平、远红外消煮炉、半微量定氮蒸馏装置（或定氮仪）、烘箱。

(3) 试剂配制。

①浓硫酸（H_2SO_4，分析纯）。

②10mol/L NaOH：称取 210g 氢氧化钠（NaOH，化学纯或分析纯）放入硬质烧杯中，加蒸馏水约 200mL，搅拌，溶解后转入硬质试剂瓶中，加塞，防止吸收空气中的 CO_2。放置几天，待碳酸钠（Na_2CO_3）沉降后，将清液虹吸到盛有约 80mL 无 CO_2 的水的硬质瓶中，加蒸馏水至 500mL。瓶口装一个碱石棉管，以防吸收空气中的 CO_2。

③0.01mol/L HCl 标准溶液：先将 8.5mL 浓盐酸（HCl，分析纯）加蒸馏水至 1L。用硼砂（$Na_2B_4O_7 \cdot 10H_2O$，分析纯）或 160℃ 烘干的碳酸钠（Na_2CO_3，分析纯）标定其浓度（约 0.1mol/L HCl），然后用蒸馏水准确稀释 10 倍后使用。

④溴甲酚绿-甲基红混合指示剂：称取 0.5g（或 0.499g）溴甲酚绿（$C_{21}H_{14}Br_4O_5S$，分析纯）、0.1g（或 0.066g）甲基红（CHN_3O_2，分析纯）于玛瑙研钵中，加入少量 95% 乙醇（CH_3CH_2OH，分析纯），研磨至指示剂全部溶解后，加 95% 乙醇至 100mL。

⑤2% H_3BO_3-指示剂混合溶液：称取 20g 硼酸（H_3BO_3，化学纯或分析

纯），溶于蒸馏水，加蒸馏水至 1L。在使用前，每升 H_3BO_3 溶液中，加入 20mL 混合指示剂，并用稀碱或稀酸溶液调节至溶液刚变为紫红色（pH 约为 4.5）。

⑥ 加速剂：称取硫酸钾（K_2SO_4，化学纯或分析纯）或无水硫酸钠（Na_2SO_4，化学纯或分析纯）100g、硫酸铜（$CuSO_2 \cdot 5H_2O$，化学纯或分析纯）10g、硒粉（Se，化学纯或分析纯）1g，放在研钵中研细，充分混合均匀。

(4) 操作步骤。 称取通过 60 目筛（筛孔直径 0.25mm）的风干土样约 1.000 0g（含 N 约 1mg），精确至 0.000 1g。将土样小心送入干燥的消煮管底部，加入少量无离子水（0.5～1mL），湿润土样后，加入 2g 加速剂和 5mL 浓 H_2SO_4，摇匀，将消煮管置于消煮炉上，开始用低温加热，待瓶内反应缓和时（需 10～15min），可渐渐升温，使消煮的土液保持微沸，消煮的温度以 H_2SO_4 蒸气在瓶颈上部 1/3 处冷凝回流为宜。在消煮过程中应不断地转动消煮管，使溅至管壁上的有机质能及时分解。待消煮液和土粒全部变为灰白稍带绿色（约需 15min）后，再继续消煮 1 h。全部消煮时间需 85～90min。消煮完毕后，取下消煮管，冷却，以待蒸馏。在消煮土样的同时，做两份空白测定，除不用土样外，其他操作与测定土样相同。

在蒸馏氨之前，先检查半微量定氮蒸馏装置是否漏气，并用空蒸的馏出液将管道洗净。待消煮液冷却后，用少量无离子水将消煮液全部转入蒸馏装置配套蒸馏管中，并用蒸馏水洗涤消煮管 1～2 次（总用蒸馏水量不超过 30～40mL）。另备 150mL 三角瓶，加入 5mL 2% 硼酸-指示剂混合液，放在冷凝管下端，管口置于硼酸液面以上 3～4cm 处，开始蒸馏。按定氮仪说明书操作步骤进行蒸馏。待馏出液体积达 50～55mL 时，即蒸馏完毕，用少量已调节至 pH 4.5 的水洗涤冷凝管末端。

用 0.01mol/L HCl 标准液滴定馏出液由蓝绿色突变为紫红色，记录所用 HCl 标准溶液的体积。与此同时进行空白消煮液的蒸馏和滴定，以校正试剂等误差。

(5) 结果计算。

$$土壤全氮含量（\%）= \frac{V - V_0 \times C \times 14 \times 10^{-3}}{m} \times 100\% \quad (4-6)$$

式中：V——滴定试液时所用 HCL 标准溶液的体积（mL）；

V_0——滴定空白时所用 HCl 标准溶液的体积（mL）；

C——HCl 标准溶液的浓度（mol/L）；

14——氮的摩尔质量（g/mol）；

m——烘干土样质量（g）。

2 次平行测定结果用算术平均值表示，保留小数点后 3 位。

2次平行测定结果的相差：土壤含氮量大于 0.1％时，不得超过 0.005％；土壤含氮量 0.06％～0.1％时，不得超过 0.004％；土壤含氮量小于 0.06％时，不得超过 0.003％。

(6) 注意事项。

①华北地区土壤全氮的分级指标大致是：土壤全氮含量小于 0.05％为低水平；土壤全氮含量 0.05％～0.08％为中水平；土壤全氮含量大于 0.08％为高水平。

②硼酸-指示剂的混合溶液放置时间不宜过久。如使用过程中 pH 有变化，需随时用稀酸或稀碱调节。最好在临用前混合 2 种溶液并调 pH。

③土壤全氮含量在 0.1％以下，称土样 1～1.5g；全氮含量为 0.1％～0.2％，应称样 1～0.5g；全氮含量在 0.2％以上，应称样 0.5g 以下。

4.4.2　土壤全磷的测定

(1) 方法原理。土壤样品与氢氧化钠熔融，使土壤中含磷矿物及有机磷化合物全部转化为可溶性的正磷酸盐，用蒸馏水和稀硫酸溶解熔块，在规定条件下样品溶液与钼锑抗显色剂反应，生成磷钼蓝，用分光光度法定量测定。

①土壤样品的熔解。样品分解有 Na_2CO_3 熔融法、$HClO_4 - H_2SO_4$ 消煮法、$HF - HClO_4$ 消煮法等。目前我国已将 NaOH 碱熔钼锑抗比色法列为国家标准法。样品在银坩埚或镍坩埚中用 NaOH 熔融是分解土壤全磷（或全钾）比较完全和简便的方法。

②溶液中磷的测定。溶液中磷的测定，一般都用磷钼蓝比色法。多年来，人们对钼蓝比色法进行了大量的研究工作，特别是在还原剂的选用上有了很大改革。最早常用的还原剂有氯化亚锡、亚硫酸氢钠等，以后采用有机还原剂如 1，2，4-氨基萘酚磺酸、硫酸联氨、抗坏血酸等，目前应用较普遍的是钼锑抗混合试剂。还原剂中氯化亚锡的灵敏度最高，显色快，但颜色不稳定。土壤速效磷的速测方法仍多用氯化亚锡作还原剂。抗坏血酸是近年来被广泛应用的一种还原剂，它的主要优点是生成的颜色稳定，干扰离子的影响较小，适用范围较广，但显色慢，需要加温。如果溶液中有一定的三价锑存在，则大大加快了抗坏血酸的还原反应，在室温下也能显色。加钼酸铵于含磷的溶液中，在一定酸度条件下，溶液中的正磷酸与钼酸络合形成磷钼杂多酸。

$$H_3PO_4 + 12H_2MoO_4 == H_3[PMo_{12}O_{40}] + 12H_2O$$

杂多酸是由两种或两种以上简单分子的酸组成的复杂的多元酸，是一类特殊的配合物。在分析化学中，主要是在酸性溶液中，利用 H_3PO_4 或 H_2SiO_4 等作为原酸，提供整个配合阳离子的中心体，再加钼酸根配位使生成相应的 12-钼杂多酸，然后再进行光度法、容量法或质量法测定。

　　磷钼酸的铵盐不溶于蒸馏水，因此，在过量铵离子存在下，同时磷的浓度较高时，即生成黄色沉淀磷钼酸铵 $[(NH_4)_3 (PMo_{12}O_{40})]$，这是质量法和容量法的基础。当少量磷存在时，加钼酸铵则不产生沉淀，仅使溶液略现黄色 $(PMo_{12}O_{40})^{3-}$，其吸光度很低，加入 NH_4VO 使生成磷钒钼杂多酸。磷钒钼杂多酸是由正磷酸、钒酸和钼酸三种酸组合而成的杂多酸，称为三元杂多酸 $H_3(PMo_{11}VO_{40}) \cdot xH_2O$。根据这个化学式，可以认为磷钒钼酸是用一个钒酸根取代 12-钼磷酸分子中的一个钼酸的结果。三元杂多酸比磷钼酸具有更强的吸光作用，即有较高的吸光度，这是钒钼黄法测定的依据。但是在磷较少的情况下，一般都用更灵敏的钼蓝法，即在适宜试剂浓度下，加入适当的还原剂，使磷钼酸中的一部分 Mo^{6+} 离子被还原为 Mo^{5+}，生成一种称为钼蓝的物质，这是钼蓝比色法的基础。蓝色产生的速度、强度、稳定性等与还原剂的种类、试剂的适宜浓度特别是酸度以及干扰离子等有关。

　　③还原剂的种类。对于杂多酸还原的产物——钼蓝及其生成机理，虽然有很多人做过研究，但意见不一致。目前一般认为，杂多酸的蓝色还原产物是由 Mo^{6+} 和 Mo^{5+} 原子构成，仍维持 12-钼磷酸的原有结构不变，且 Mo^{5+} 不再进一步被还原。一般认为磷钼杂多蓝的组成可能为 $H_3PO_4 \cdot 10MoO_3 \cdot Mo_2O_5$ 或 $H_3PO_4 \cdot 8MoO_3 \cdot 2Mo_2O_5$，说明杂多酸阳离子中有两个或四个 Mo^{6+} 被还原为 Mo^{5+}。

　　与钒相似，锑也能与磷钼酸反应生成磷锑钼三元杂多酸，其组成为 $P : Sb : Mo = 1 : 2 : 12$，此磷锑钼三元杂多酸在室温下能迅速被抗坏血酸还原为蓝色的络合物，而且还原剂与钼试剂配成单一溶液，一次加入，简化了操作手续，有利于测定方法的自动化。

　　H_3PO_4、H_3AsO_4 和 H_4SiO_4，都能与钼酸结合生成杂多酸，在磷的测定中，硅的干扰可以通过控制酸度来抑制。磷钼杂多酸在较高酸度下生成（$0.4 \sim 0.8mol/L$，H^+），而硅钼酸则在较低酸度下生成；砷的干扰则比较难克服；所幸，土壤中砷的含量很低，而且砷钼酸还原速度较慢，灵敏度较磷低，在一般情况下，不致影响磷的测定结果。但是在使用农药砒霜时，要注意砷的干扰影响，在这种情况下，在未加钼试剂之前将砷还原成亚砷酸而克服之。

　　在磷的比色测定中，三价铁也是一种干扰离子，它将影响溶液的氧化还原势，抑制蓝色的生成。在用 $SnCl_2$ 作还原剂时，溶液中的 Fe^{3+} 不能超过 $20mg/kg$，因此过去全磷分析中，样品分解强调用 Na_2CO_3 熔融，或用 $HClO_4$ 消化。因为用 Na_2CO_3 熔融或用 $HClO_4$ 消化，进入溶液的 Fe^{3+} 较少。但是用抗坏血酸作还原剂，Fe^{3+} 含量即使超过 $400mg/kg$，仍不致产生干扰影响。因为抗坏血酸能与

Fe^{3+} 络合，保持溶液的氧化还原势。因此，磷的钼蓝比色法中，抗坏血酸作为还原剂已广泛被采用。

钼蓝显色是在适宜的试剂浓度下进行的。不同方法所要求的适宜试剂浓度不同。所谓试剂的适宜浓度是指酸度。钼酸铵浓度以及还原剂用量要适宜，使一定浓度的磷产生最深最稳定的蓝色。磷钼杂多酸是在一定酸度条件下生成的，过酸与酸不足均会影响结果。因此，在磷的钼蓝比色测定中酸度的控制最为重要。不同方法有不同的酸度范围。兹将常用的 3 种钼蓝体系的工作范围和试剂在比色液中的最终浓度列于表 4-1 中。

表 4-1　3 种钼蓝体系的工作范围和试剂在比色液中的最终浓度

项目	$SnCl_2 - H_2SO_4$ 体系	$SnCl_2 - HCl$ 体系	钼锑抗- H_2SO_4 体系
工作范围/ (mg/L, P)	0.02～1.0	0.05～2	0.01～0.6
显色时间/min	5～15	5～15	30～60
稳定性	15min	20min	8h
最后显色酸度/ (mol/L, H^+)	0.39～0.40	0.6～0.7	0.35～0.55
显色适宜温度/℃	20～25	20～25	20～60
钼酸铵/ (g/L)	1.0	3.0	1.0
还原剂/ (g/L)	0.07	0.12	抗坏血酸 0.8～1.5, 酒石酸氧锑钾 0.024～0.05

上述 3 种钼蓝体系以 $SnCl_2 - H_2SO_4$ 体系最灵敏，钼锑抗- H_2SO_4 体系的灵敏度接近 $SnCl_2 - H_2SO_4$ 体系，显色稳定，受干扰离子的影响亦较小，更重要的是还原剂与钼试剂配成单一溶液，一次加入，简化了操作手续，有利于测定方法的自动化，因此目前钼锑抗- H_2SO_4 体系被广泛采用。

(2) 仪器设备。 土壤样品粉碎机、土壤筛（筛孔直径 1mm 和 0.149mm）、1/10 000 天平、1/100 天平、银坩埚（或镍坩埚，容量≥30mL）、高温电炉（温度可调至 720℃）、分光光度计、玛瑙研钵。

(3) 试剂配制。

①氢氧化钠（NaOH，化学纯或分析纯）。

②无水乙醇（CH_3CH_2OH，分析纯）。

③100g/L 碳酸钠溶液：称取 10g 无水碳酸钠（Na_2CO_3，分析纯），溶于蒸馏水后，稀释至 100mL，摇匀。

④5% 硫酸溶液：吸取 5mL 浓硫酸（H_2SO_4，分析纯），缓缓加入盛有约 90mL 蒸馏水的烧杯中，冷却后加入蒸馏水至 100mL。

⑤3mol/L 硫酸溶液：量取 168mL 浓硫酸（H_2SO_4，分析纯），缓缓加入盛

有约 800mL 蒸馏水的烧杯中，不断搅拌，冷却后，加蒸馏水至 1L。

⑥二硝基酚指示剂：称取 0.2g 2,6-二硝基酚（$C_6H_4N_2O_5$，分析纯），溶于 100mL 蒸馏水中。

⑦5g/L 酒石酸锑钾溶液：称取 0.5g 酒石酸锑钾（$C_8H_4K_2OSb_2$，分析纯），溶于 100mL 蒸馏水中。

⑧硫酸钼锑贮备液：量取 126mL 浓硫酸，缓缓加入盛有约 400mL 蒸馏水的烧杯中，不断搅拌，冷却。另称取 10g 经磨细的钼酸铵 [（NH_4）$_2MoO_4$，分析纯]，溶于 300mL 约 60℃的蒸馏水中，冷却。将硫酸溶液缓缓倒入钼酸铵溶液中，再加入 5g/L 酒石酸锑钾溶液 100mL，冷却后，加蒸馏水稀释至 1L，摇匀，贮于棕色试剂瓶中，此贮备液含 10g/L 钼酸铵、2.25mol/L H_2SO_4。

⑨钼锑抗显色剂：称取 1.5g 抗坏血酸（$C_6H_8O_6$，分析纯，左旋，旋光度为 21°～22°），溶于 100mL 钼锑贮备液中。此溶液有效期不长，宜现用现配。

⑩磷标准贮备液：准确称取 0.439g 经 105℃烘干 2h 的磷酸二氢钾（KH_2PO_4，优级纯），用蒸馏水溶解后，加入 5mL 浓硫酸，然后用蒸馏水定容至 1L，该溶液含磷 100mg/L，放冰箱可供长期使用。

⑪5mg/L 磷（P）标准溶液：准确吸取 5mL 磷贮备液，放入 100mL 容量瓶中，加蒸馏水定容。该溶液现用现配。

⑫无磷定量滤纸。

（4）操作步骤。

①熔样。准确称取通过 60 目筛（筛孔直径 0.25mm）的风干样品 0.25g，精确至 0.000 1g，小心放入银坩埚（或镍坩埚）底部，切勿黏在壁上，加入无水乙醇 3～4 滴，润湿样品，在样品上平铺 2g 氢氧化钠，将坩埚（处理大批样品时，暂放入大干燥器中以防吸潮）放入高温电炉，升温。当温度升至 400℃左右时，切断电源，暂停 15min。然后继续升温至 720℃，并保持 15min，取出冷却，加入 10mL 水，加热至 80℃左右，待熔块溶解后，再煮 5min，转入 100mL 容量瓶中，然后用少量 0.2mol/L H_2SO_4 溶液清洗数次，一起倒入容量瓶内，使总体积至约 40mL，再加 HCl（1:1）5 滴和 H_2SO_4（1:3）5mL，用蒸馏水定容，过滤，同时做空白试验。

②标准曲线。分别准确吸取 5mg/L 磷标准溶液 0mL、2mL、4mL、6mL、8mL 和 10mL 于 50mL 容量瓶中，同时加入与显色测定所用的样品溶液等体积的空白溶液，二硝基酚指示剂 2～3 滴，并用 100g/L 碳酸钠溶液或 5% 硫酸溶液调节溶液至刚呈微黄色，准确加入钼锑抗显色剂 5mL，摇匀，加蒸馏水定容，即得含磷量分别为 0.0mg/L、0.2mg/L、0.4mg/L、0.6mg/L、0.8mg/L 和 1.0mg/L 的标准系列溶液。摇匀，于 15℃以上温度放置 30min 后，在波长

700nm 处，测定其吸光度，以吸光度为纵坐标，磷浓度（mg/L）为横坐标，绘制标准曲线。

③样品溶液中磷的定量。准确吸取待测样品溶液 2～10mL（含磷 0.04～1.0μg）于 50mL 容量瓶中，用蒸馏水稀释至总体积约 3/5 处，加二硝基酚指示剂 2～3 滴，并用 100g/L 碳酸钠溶液或 5% 硫酸溶液调节溶液至刚呈微黄色，准确加入 5mL 钼锑抗显色剂，摇匀，加蒸馏水定容，室温 15℃ 以上，放置 30min 后，在分光光度计上于波长 700nm 下比色，以空白液为参比液调节仪器零点，读取待测液的吸光度，从标准曲线上查得待测液的含磷量。

（5）结果计算。

$$土壤全磷含量（g/kg） = \frac{C \times V \times 10^{-3} \times f}{m} \qquad (4-7)$$

式中：C——由标准曲线上查知待测液中磷的质量浓度（mg/L）；

V——显色液的体积（mL）；

10^{-3}——将 mL 换算为 L 的系数；

f——分取倍数（熔样后定容体积与显色时吸取待测液体积之比）；

m——烘干土样质量（g）。

2 次平行测定的结果用算术平均值表示，保留小数点后 3 位。

2 次平行测定结果的相差，不得超过 0.05g/kg。

4.4.3 土壤全钾的测定

（1）方法原理。用 NaOH 熔融土壤的原理是增加盐基成分，促进硅酸盐的分解，以利于各种元素的溶解。样品经碱熔后，将难溶的硅酸盐分解成可溶性化合物，用酸溶解后可不经脱硅和去铁、铝等步骤，稀释之后即可直接用火焰光度法测定。

火焰光度法的基本原理：当样品溶液喷成雾状以气-液溶胶形式进入火焰后，溶剂蒸发掉而留下气-固溶胶，气-固溶胶中的固体颗粒在火焰中被熔化并蒸发，变为气体分子，继续加热即分解为中性原子（基态），更进一步供给处于基态的原子足够的能量，使基态原子的一个外层电子移至更高的能级（激发态），当这种电子回到低能级时，即有特定波长的光发射出来，成为该元素的特征之一。例如，钾原子发射谱线波长是 766.4nm、769.8nm；钠原子发射谱线波长是 589nm。用单色器或干涉型滤光片把元素所发射的特定波长的光从其余辐射谱线中分离出来，直接照射到光电池或光电管上，把光能变为光电流，再由检流计量出电流的强度。用火焰光度法进行定量分析时，若激发的条件（可燃气体和压缩空气的供给速度，样品溶液的流速，溶液中其他物质的含量等）保持一定，则光电流的强度（I）与被测元素的浓度（c）成正比，即可用 $I=ac^b$ 表示。用火焰作为激发光源时较为稳定，a 是常数，b 是系数。当被测元素的浓度很低时，自吸收现象可忽略不计，此时 $b=1$，于是谱线强度与试样中欲测元素的浓度成正比关系：$I=ac$。

把测得的强度与一种标准的强度或一系列标准的强度比较，即可直接确定待测元素的浓度而计算出未知溶液含钾量（有关仪器的构造及仪器使用方法详见仪器说明书）。

（2）仪器设备。1/100 天平、1/10 000 天平、高温电炉、银坩埚（或镍坩埚），火焰光度计或原子吸收分光光度计。

（3）试剂配制。

①无水乙醇（C_2H_6O，分析纯）。

②1∶3 H_2SO_4 溶液：吸取浓硫酸（H_2SO_4，分析纯）1 体积缓缓注入 3 体积水中混合。

③1∶1 HCl 溶液：盐酸（HCl，分析纯）与水等体积混合。

④0.2mol/L H_2SO_4 溶液：量取 11.2mL 浓硫酸缓缓加到盛有约 800mL 蒸馏水的带有刻度的大烧杯中，不断搅拌，冷却后，再加蒸馏水至 1L。

⑤100mg/L K 标准溶液：准确称取 0.190 7g 经于 110℃烘干 2 h 的氯化钾（KCl，分析纯），溶于蒸馏水中，定容至 1L 的容量瓶中，转移至塑料瓶中贮存。

⑥钾标准系列溶液：分别吸取 100mg/L K 标准溶液 2mL、5mL、10mL、20mL、40mL 和 60mL，放入 100mL 容量瓶中，加入 0.4g NaOH 和 H_2SO_4（1∶3）溶液 1mL，用蒸馏水定容至 100mL，即分别为 2mg/L、5mg/L、10mg/L、20mg/L、40mg/L 和 60mg/L 的钾标准系列溶液。

（4）操作步骤。

①待测液制备：准确称取通过 60 目筛（筛孔直径 0.25mm）的风干样品 0.25g，精确至 0.000 1g，小心放入银坩埚（或镍坩埚）底部，切勿黏在壁上，加入无水乙醇 3～4 滴，润湿样品，在样品上平铺 2g 氢氧化钠，将坩埚（处理大批样品时，暂放入大干燥器中以防吸潮）放入高温电炉，升温。当温度升至 400℃左右时，切断电源，暂停 15min。然后继续升温至 720℃，并保持 15min，取出冷却，加入 10mL 水，加热至 80℃左右，待熔块溶解后，再煮 5min，转入 100mL 容量瓶中，然后用少量 0.2mol/L H_2SO_4 溶液清洗数次，一起倒入容量瓶内，使总体积至约 40mL，再加 1∶1 HCl 溶液 5 滴和 1∶3 H_2SO_4 溶液 5mL，用蒸馏水定容，过滤，同时做空白试验。

②钾标准系列溶液的测定。将钾标准系列溶液，直接在火焰光度计上从稀到浓依次进行测定，然后调出标准曲线查看并确认后，方可进行待测液的测定。

③待测液的测定。吸取待测液 5.00mL 或 10.00mL 于 50mL 容量瓶中（钾的浓度控制为 10～30mg/L），用蒸馏水定容，直接在火焰光度计上测定，记录待测液的钾浓度（mg/L）。注意在测定完毕之后，用蒸馏水在喷雾器下继续喷雾 5min，洗去多余的盐或酸，使喷雾器保持良好的使用状态。

（5）结果计算。

$$土壤全钾含量（g/kg）= \frac{C \times V \times 10^{-3} \times f}{m} \qquad (4-8)$$

式中：C——待测液中钾的质量浓度（mg/L）；

$\quad\quad V$——待测液的定容体积（mL）；

$\quad\quad 10^{-3}$——将 mL 换算为 L 的系数；

$\quad\quad f$——分取倍数（熔样后定容体积与吸取待测液体积之比）；

$\quad\quad m$——烘干土样质量（g）。

样品全钾含量等于 10g/kg 时，2 次平行测定结果的允许相差为 0.5g/kg。

（6）注意事项。

①土壤与 NaOH 的质量比例为 1∶8，当土样用量增加时，NaOH 用量也需相应增加。

②熔块冷却后应呈淡蓝色或蓝绿色，如熔块呈棕黑色则表示还没有熔好，必须再熔一次。

③如在熔块还未完全冷却时加蒸馏水，可不必再在电炉上加热至 80℃，放置过夜自会溶解。

④加入 H_2SO_4 的量视 NaOH 用量的多少而定，其目的是中和多余的 NaOH，使溶液呈酸性（H_2SO_4 的浓度约为 0.15mol/L）。

4.5　土壤有效养分的测定

4.5.1　土壤铵态氮的测定

（1）方法原理。 土壤中的铵态氮（$NH_4^+ - N$）主要呈交换态存在，一般用 2mol/L KCl 溶液作为浸提剂，但为了与紫外分光光度法测定 $NO_3^- - N$ 能用同一浸出液，也可用 1mol/L NaCl 溶液为浸提剂。浸出液中的 $NH_4^+ - N$，可选用蒸馏法、分光光度法或氨电极法等测定。该实验拟选用较灵敏的靛酚蓝吸光光度法测定。

土壤浸出液中的 $NH_4^+ - N$ 在碱性介质（pH10.5～11.7）中与酚和次氯酸盐作用，生成水溶性染料靛酚蓝，其吸光度与 $NH_4^+ - N$ 含量成正比，可用吸光光度法测定。

本实验采用硝普钠为反应的催化剂,能加速显色,增强蓝色的深度和颜色的稳定性。在室温(20℃左右)下显色较慢,一般须放置1h后比色,完全显色需2~3h,生成的蓝色很稳定。24h内吸光度无显著变化。在碱性介质中二三价阳离子有干扰,可加入乙二胺四乙酸(EDTA)、酒石酸钾钠等螯合剂掩蔽。在分光光度计上于625nm处测定吸光度。用1cm光径的比色皿,显色液中$NH_4^+ - N$浓度为0.05~0.5mg/L,符合比耳定律。

(2)仪器设备。 1/100天平、分光光度计、恒温振荡器。

(3)试剂配制。

①2mol/L KCl或1mol/L NaCl溶液:称取149.1g氯化钾(KCl,化学纯或分析纯)或58.4g氯化钠(NaCl,化学纯或分析纯),溶于蒸馏水中,稀释至1L。

②酚溶液:称取10.0g苯酚(C_6H_5OH,分析纯)和100mg硝普钠[亚硝基铁氰化钠,$Na_2Fe(CH)_5NO \cdot 2H_2O$,分析纯]溶于1L蒸馏水中。此试剂不稳定,须贮存于暗色瓶中,并存放在4℃冰箱中。注意:硝普钠为剧毒物质。

③次氯酸钠碱性溶液:称取10.0g氢氧化钠(NaOH,化学纯或分析纯)、7.06g磷酸氢二钠($Na_2HPO_4 \cdot 7H_2O$,分析纯)、21.8g磷酸钠($Na_3PO_4 \cdot 12H_2O$,分析纯)和10mL 5.25%NaOCl(即含有效氯5%的漂白剂溶液),溶于1L蒸馏水中。此试剂应与酚溶液同样保存。

④掩蔽剂:将40%(m/V)酒石酸钾钠($NaKC_4H_4O_6$,分析纯)溶液与10%(m/V)乙二胺四乙酸二钠($Na_2C_{10}H_{14}N_2O_8$,分析纯)溶液等体积混合。每100mL混合液中加0.5mL 10mol/L NaOH溶液,即得清亮的掩蔽剂溶液。

⑤$NH_4^+ - N$标准贮备溶液[$c(N) = 100mg/L$]:称取0.471 7g干燥的硫酸铵[$(NH_4)_2SO_4$,分析纯],溶于蒸馏水中,用蒸馏水定容至1L,存放于冰箱中。

⑥$NH_4^+ - N$标准工作溶液[$c(N) = 5mg/L$]:测定当天用蒸馏水将100mg/L $NH_4^+ - N$溶液稀释20倍。

(4)操作步骤。 称取新鲜土样20.0g,放入250mL三角瓶中。加入100mL 2mol/L KCl或1mol/L NaCl溶液,用橡皮塞塞紧,振荡30min,过滤。吸取浸出液2.00~10.00mL($NH_4^+ - N 2~25\mu g$)放入50mL容量瓶中,用浸提剂补足至总体积为10.00mL,然后用蒸馏水稀释至约30mL,依次加入5.00mL酚溶液和5.00mL次氯酸钠碱性溶液,摇匀,在20℃左右室温下放置1h后,加入1.00mL掩蔽剂以溶解可能生成的沉淀物,然后用蒸馏水定容。用光径1cm的比色皿在625nm波长处进行测定。用同量试剂但无土壤浸出液的空白溶液调节仪器的零点。

标准曲线：分别准确吸取 5mg/L NH$_4^+$ - N 标准溶液 0mL、0.5mL、1mL、2mL、3mL、4mL 和 5mL，分别放入 50mL 容量瓶中，各加入 10.00mL 浸提剂。同上显色和测读吸光度，然后绘制标准曲线。NH$_4^+$ - N 标准系列溶液的浓度为 0mg/L、0.05mg/L、0.1mg/L、0.2mg/L、0.3mg/L、0.4mg/L 和 0.5mg/L。

（5）结果计算。

$$土壤铵态氮含量（mg/kg）= \frac{C \times V \times f}{m} \qquad (4-9)$$

式中：C——由标准曲线上查知待测液的铵态氮浓度（mg/L）；

V——显色液的体积（mL）；

f——分取倍数；

m——烘干土样质量（g）。

（6）注意事项。

①土样经风干或烘干可能引起 NH$_4^+$ - N 和 NO$_3^-$ - N 含量的变化，故通常需用新鲜土样测定，同时测定土样水分含量，将新鲜土称样量换算成烘干土量。

②掩蔽剂应在显色后加入。如加入过早，会使显色反应慢，蓝色偏浅；如加入过晚，则生成的氢氧化物沉淀可能老化而不易溶解。在约 20℃时放置 1 h 即可加掩蔽剂。

③新鲜土样质量换算成烘干土样质量的公式为：

$$m_2（干土样）= \frac{m_1（鲜土样）\times 100}{(100 + H)}$$

式中：H——新鲜土壤水分含量（%）。

如用风干土样测定，则水分可略而不计。

4.5.2　土壤硝态氮的测定

硝态氮（NO$_3^-$ - N）易溶于蒸馏水，在多数土壤中不被土壤胶体所吸附，用蒸馏水即可将其浸提出来。但为了获得澄清无色、不含或少含干扰物质的浸出液，常用 CaSO$_4$、CuSO$_4$、K$_2$SO$_4$ 等为澄清剂。浸出液中的 NO$_3^-$ - N 可用紫外分光光度法、酚二磺酸吸光光度法、还原-蒸馏法或硝酸根电极法等方法测定。以下介绍紫外分光光度和酚二磺酸吸光光度法。

（1）紫外分光光度法。

①方法原理。土壤浸出液中的 NO$_3^-$ 在紫外分光光度计波长为 210nm 处，有较高的吸光度，而浸出液中的其他物质，除 OH$^-$、CO$_3^{2-}$、HCO$_3^-$、NO$_2^-$、Fe^{3+} 和有机质等外，吸光度均很小。将浸出液加酸中和酸化，即可消除 OH$^-$、

CO_3^{2-}、HCO_3^- 的干扰。NO_2^- 一般含量极少，也较易消除。因此，用锌还原法（差值法）或校正因数法消除有机质等物质的干扰后，即可用紫外分光光度法直接测定 $NO_3^- - N$ 的含量。

A. 锌还原法。取一份土壤浸出液或适当稀释的浸出液，酸化后在 210nm 处测定吸光度（A_1），它为 NO_3^- 和非 NO_3^- 物质吸光度之和；取另一份酸化后加镀铜的锌粒，使 NO_3^- 还原成吸光度很小的 $NH_4^+ - N$，再测读吸光度（A_2），它为各种非 NO_3^- 物质的吸光度。二者之差值（$\Delta A = A_1 - A_2$）即为 NO_3^- 的吸光度。ΔA 与 NO_3^- 的浓度成正比，从标准曲线中查 $NO_3^- - N$ 的含量。

B. 校正因数法。待测液酸化后，分别在 210nm 和 275nm 处测读吸光度。A_{210} 是 NO_3^- 和有机质的吸光度；A_{275} 只是有机质的吸光度，因为 NO_3^- 在 275nm 处已无吸收，但有机质在 275nm 处的吸光度比在 210nm 处的吸光度要小很多，故将 A_{275} 校正为有机质在 210nm 处应有的吸光度后，从 A_{210} 中减去，即得 NO_3^- 在 210nm 处的吸光度（ΔA）。

②仪器设备。1/100 天平、紫外分光光度计、恒温振荡器。

③试剂配制。

A. 1mol/L NaCl 溶液：称取氯化钠（NaCl，化学纯或分析纯）40.0g，溶于蒸馏水，并稀释至 1L。

B. 10%（V/V）H_2SO_4 溶液：吸取 100mL 浓硫酸（H_2SO_4，分析纯）缓缓加到盛有约 800mL 蒸馏水的大烧杯中，不断搅拌，冷却后，再加蒸馏水至 1L。

C. 镀铜的锌粒：称取 100g 锌粒（Zn，分析纯），用 50mL 1% H_2SO_4 溶液浸泡几分钟，洗净表面，再用蒸馏水冲洗 3～4 次，沥干后，加入 50mL 水和 25mL（m/V）硫酸铜（$CuSO_4 \cdot 5H_2O$，化学纯或分析纯）溶液，搅匀，放置约 30min，使锌粒表面镀上一层黑色金属铜。倾去硫酸铜溶液，用蒸馏水洗涤锌粒两次，再用 0.5% H_2SO_4 溶液浸洗一次。最后用蒸馏水冲洗 4～5 次，晾干。

D. $NO_3^- - N$ 标准贮备液［c（N）＝100mg/L］：称取 0.722 1g 烘干的硝酸钾（KNO_3，分析纯），溶于蒸馏水中，用蒸馏水定容至 1L，存放于冰箱中。

E. $NO_3^- - N$ 标准工作溶液［c（N）＝10mg/L］：用蒸馏水将 100mg/L $NO_3^- - N$ 溶液稀释 10 倍。

④操作步骤。

A. 锌还原法。可用饱和 $CuSO_4$ 溶液制备待测液。如需同时测定土壤 $NH_4^+ - N$，可选用 1mol/L NaCl 溶液制备待测液。

用滴管吸取土壤浸出液，注入光径 1cm 的石英比色皿中。在 210nm 处约测吸光度，以水调节仪器零点。根据约测结果，确定浸出液应予稀释的倍数。用蒸馏水将浸出液准确稀释，使其吸光度为 0.1～0.8。准确吸取 25.00mL 浸出液或已稀释的待测液两份，分别放入 50mL 三角瓶中，各加入 1.00mL 10％ H_2SO_4 溶液。在其中一瓶中加入 4 粒镀铜的锌粒（重 0.15～0.2g）。两瓶摇匀后放置过夜（约 14h）。

次日，任选下列方法之一测读溶液的吸光度。

直读法：在 210nm 处，以已还原的溶液为参比液调节仪器的零点，测读未还原溶液的吸光度，即为 NO_3^- 的吸光度。

差减法：在 210nm 处，以酸化的蒸馏水或浸提剂为参比调节仪器零点，分别测读锌粒未还原溶液和还原溶液的吸光度，分别为 A_1 和 A_2，二者之差 $A_1 - A_2$，即为 NO_3^- 的吸光度。

B. 校正因数法。同锌还原法制备土样待测液，并约测，必要时用 1mol/L NaCl 溶液稀释，使其吸光度为 0.1～0.8，吸取 25.00mL 待测液放在 50mL 三角瓶中，加 1.00mL 10％ H_2SO_4 溶液，摇匀。用滴管将此液装入 1cm 光径的石英比色皿中，分别在 210nm 和 275nm 两处测读吸光度为 A_{210} 和 A_{275}，以酸化的浸提剂为参比溶液，调节仪器的零点。大批样品测定时，可先测完各液（包括浸出液和标准系列溶液）的 A_{210} 值，再测 A_{275} 值，以减免逐次改变波长所产生的仪器误差。

NO_3^- 的吸光度（ΔA）可由下式求得：

$$\Delta A = A_{275} \times R \qquad\qquad (4-10)$$

式中：R——校正因数，是土壤浸出液中杂质（主要是有机质）在 210nm 和 275nm 处的吸光度的比值，即 $R = A_{210}/A_{275}$。15 个北京和河北石灰土壤的平均 R 值为 3.6，不同土类的 R 值略有差异。

标准曲线：准确吸取 $c(N) = 10mg/L$ 的硝态氮标准工作溶液 0mL、1mL、2mL、4mL、6mL、8mL 和 10mL，分别放入 50mL 容量瓶中，加蒸馏水定容，即为浓度是 0mg/L、0.2mg/L、0.4mg/L、0.8mg/L、1.2mg/L、1.6mg/L 和 2.0mg/L NO_3^- - N 标准系列溶液。各瓶均加入 2.00mL 10％ H_2SO_4 酸化，摇匀，在 210nm 处测读吸光度，以酸化的水（25.00mL 水加 1.00mL 10％ H_2SO_4）调节仪器零点。绘制标准曲线。

⑤结果计算。

$$土壤硝态氮（NO_3^- - N）含量（mg/kg）= \frac{c(N) \times V \times f}{m}$$

$$(4-11)$$

式中：$c(N)$——由标准曲线上查知测定液中 NO_3^- - N 的浓度（mg/L）；

V——吸取浸出液的体积（mL）；

f——浸出液稀释倍数，若不稀释则 $f = 1$；

m——烘干土样质量（g）。

⑥注意事项。

A. 一般土壤中 NO_2^- 含量很低，实际上不干扰 NO_3^- 含量的测定。当 NO_2^- 含量高时，可用氨基磺酸消除（$HNO_2 + NH_2SO_3H == N_2 + H_2SO_4 + H_2O$），氨基磺酸在 210nm 处无吸收，不干扰 NO_3^- 含量的测定。

B. 2mol/L 氯化钾溶液本身在 210nm 处吸光度较高，因此同时测定土壤 $NH_4^+ - N$ 和 $NO_3^- - N$ 时，选用吸光度较小的 1mol/L NaCl 溶液为浸提剂。

C. 浸出液的盐浓度较高，操作时应尽量避免溶液溢出比色皿外而污染比色皿的外壁，影响比色皿的透光性，最好用滴管吸取浸出液并注入比色皿中。

D. 如果吸光度很高（>1 时），可从比色皿吸出一半待测液，再加一半水稀释，重新测读吸光度，如此稀释至吸光度小于 0.8 为止。按约测的稀释倍数，用蒸馏水将浸出液准确稀释。当用校正因数法消除有机质干扰时，应用 1mol/L NaCl 溶液稀释，以消除 NaCl 浓度不同引起的吸光度变化。

（2）酚二磺酸吸光光度法。

①方法原理。酚二磺酸在无水条件下与硝酸作用生成硝基酚二磺酸。硝基酚二磺酸在酸性介质中无色，碱化后则为稳定的黄色溶液，其吸光度与 $NO_3^- - N$ 含量成正比，可在 400~425nm 处（或用蓝色滤光片）用吸光光度法测定。

硝化反应必须在无水条件下才能迅速完成，因此需预先将浸出液在微碱性下蒸发至干（酸性下蒸干，HNO_3 易损失）。此法主要干扰物为 Cl^- 和 NO_2^-，浸出液的有机质黄色也会干扰测定，干扰物含量较高时，需预先除去。用光径 1cm 比色皿时，显色液中 $NO_3^- - N$ 的测定范围为 0.1~2mol/L。

②仪器设备。1/100 天平、分光光度计、恒温振荡器、水浴锅。

③试剂配制。

A.1∶1 氨水：浓氨水与水等体积混合。

B. 酚二磺酸试剂：称取 25.0g 白色苯酚（C_6H_5OH，分析纯）置于 500mL 三角瓶中，再加入 225mL 浓硫酸（H_2SO_4，分析纯），混匀，瓶口松松地加塞，置于沸水中加热 6h。试剂冷却后可能析出结晶，用时须重新加热溶解，但不可加蒸馏水。试剂贮存于密闭的玻璃塞棕色瓶中，严防吸湿。

C. $NO_3^- - N$ 标准贮备液 $[c(N) = 100mg/L]$：称取 0.722 1g 干燥的硝酸钾（KNO_3，分析纯）溶于蒸馏水中，用蒸馏水定容至 1L，存放于冰箱中。

D. 标准工作溶液 $[c(N) = 10mg/L]$：用蒸馏水将 100mg/L $NO_3^- - N$ 溶液稀释 10 倍。

E. 其他药品：硫酸钙（$CaSO_4 \cdot 2H_2O$，分析纯，粉状）、碳酸钙（$CaCO_3$，分析纯，粉状）、氢氧化钙 $[Ca(OH)_2$，分析纯，粉状]、碳酸镁（$MgCO_3$，分

析纯，粉状）、硫酸银（Ag_2SO_4，分析纯，粉状）。

④操作步骤。称取新鲜土样 20.0g，放入 250mL 三角瓶中。加入约 0.2g $CaSO_4 \cdot 2H_2O$ 和 100mL 作为浸提液，用橡皮塞塞紧，振荡 10min，放置几分钟后，将悬液的上部清液过滤。

吸取滤出液 25.00～50.00mL（含 $NO_3^- - N$ 20～150μg）于蒸发皿中，加约 0.05g $CaCO_3$，在水浴上蒸干，蒸干后停止加热。冷却，加入 2.00mL 酚二磺酸试剂。将蒸发皿旋转，使试剂接触所有的蒸干物。静置 10min 使充分作用后，加蒸馏水 20mL，用玻璃棒搅拌至蒸干物完全溶解，冷却后缓缓加入（1:1）氨水并不断搅拌，至溶液呈微碱性（溶液显黄色），再多加 2mL 氨水，然后将溶液转移至 100mL 容量瓶中，用蒸馏水定容。用光径为 1cm 比色皿在波长 420nm 处进行测定，以空白溶液为参比液调节仪器零点。

标准曲线：分别准确吸取 10mg/L $NO_3^- - N$ 标准溶液 0mL、1mL、2mL、5mL、10mL 和 20mL，分别放入蒸发皿中，在水浴中蒸干，操作与浸出液相同，进行显色和测定，然后绘制标准曲线。标准系列溶液的浓度分别为 0mg/L、0.1mg/L、0.2mg/L、0.5mg/L、1mg/L、1.5mg/L 和 2mg/L。

⑤结果计算。

$$土壤硝态氮（NO_3^- - N）含量（mg/kg） = \frac{c(N) \times V \times f}{m}$$

$$(4-12)$$

式中：$c(N)$——由标准曲线中查得的待测液 N 浓度（mg/L）；

$\qquad V$——显色液的体积（mL）；

$\qquad f$——分取倍数；

$\qquad m$——烘干土样质量（g）。

⑥注意事项。

A. 样品风干易引起 $NO_3^- - N$ 的变化，故用新鲜土样测定。如需用干土计算，应同时测定水分含量。

B. 如果滤液因有机质呈现黄色，可立即加入少量活性炭，摇匀，再过滤。如果土壤 Cl^- 含量超过 15mg/L，浸出液须用 Ag_2SO_4 处理，除去 Cl^-。每 100mL 浸出液加 0.1g Ag_2SO_4 振荡 15min，再加入 0.2g $Ca(OH)_2$ 和 0.5g $MgCO_3$ 以沉淀过剩的 Ag^+，振荡 5min，过滤。如果浸出液中 $NO_2^- - N$ 含量超过 1mg/L，可加少许尿素加以破坏。一般每 10mL 浸出液中，加入 20mg 尿素，放置过夜即可。

C. 如有沉淀，则定容后过滤，取清液测定。

4.5.3 土壤碱解氮的测定

(1) 方法原理。在扩散皿中，用 1.0mol/L NaOH 水解土壤，使易水解态氮（潜在有效氮）碱解转化为 NH_3，NH_3 扩散后被 H_3BO_3 所吸收，再用标准酸滴定 H_3BO_3 吸收液中的 NH_3，由此计算土壤中碱解氮的含量。

(2) 仪器设备。1/100 天平、调温调湿箱。

(3) 试剂配制。

①1.0mol/L NaOH 溶液：称取氢氧化钠（NaOH，化学纯或分析纯）40.0g，溶于蒸馏水中，冷却后用蒸馏水定容至 1L。

②20g/L H_3BO_3 指示剂：称取 20g 硼酸（H_3BO_3，化学纯或分析纯），溶于蒸馏水中，用蒸馏水定容至 1L。

③0.005mol/L 1/2 H_2SO_4 标准液：量取硫酸（H_2SO_4，分析纯）2.83mL，加蒸馏水稀释至 5 000mL，然后用标准碱或硼酸标定之，此为 0.020 0mol/L（1/2 H_2SO_4）标准溶液，再将此标准液准确地稀释 4 倍，即得 0.005mol/L（1/2 H_2SO_4）标准液。

④碱性胶液：称取阿拉伯胶 40.0g，量取水 50mL，置于烧杯中，加热至 70~80℃，搅拌促溶，约 1 h 后冷却。加入甘油（$C_3H_8O_3$，化学纯或分析纯）20mL 和饱和碳酸钾（K_2CO_3，分析纯）溶液 20mL，搅拌、冷却。离心除去泡沫和不溶物，清液贮于具塞玻璃瓶中备用。

⑤$FeSO_4 \cdot 7H_2O$ 粉末：将适量硫酸铁（$FeSO_4 \cdot 7H_2O$，化学纯或分析纯）磨细，装入密闭瓶中，存于阴凉处。

⑥Ag_2SO_4 粉末：将适量硫酸银（Ag_2SO_4，化学纯或分析纯）磨细，装入密闭瓶中，存于避光处。

(4) 操作步骤。称取 2.00g 通过 18 目筛（筛孔直径 1mm）的风干土样，置于洁净的扩散皿外室，轻轻旋转扩散皿，使土样均匀地铺平。

吸取 20g/L H_3BO_3 指示剂溶液 2mL，放于扩散皿内室，然后在扩散皿外室边缘涂碱性胶液，盖上毛玻璃，旋转数次，使皿边与毛玻璃完全黏合。再渐渐转开毛玻璃一边，使扩散皿外室露出一条狭缝，迅速加入 1mol/L NaOH 溶液 10.0mL，立即盖严，轻轻旋转扩散皿，让碱溶液盖住所有土壤。再用橡皮筋扎紧，使毛玻璃固定。随后将其小心平放在（40±1）℃调温调湿箱中，碱解扩散（24±0.5）h 后取出（可以观察到内室应为蓝色），用 0.005mol/L 或 0.01mol/L 1/2 H_2SO_4 标准液滴定扩散皿内室的 H_3BO_3-指示剂溶液，溶液由蓝绿色突变为紫红色为滴定终点。在样品测定的同时进行空白试验，校正试剂和滴定的误差。

(5) 结果计算。

$$土壤碱解氮含量（mg/kg）=\frac{C\times(V-V_0)\times14.0}{m\times10^3}\quad(4-13)$$

式中：C——1/2 H_2SO_4 标准溶液浓度（mol/L）；

$\quad\quad V$——样品滴定时消耗的 1/2 H_2SO_4 标准液体积（mL）；

$\quad\quad V_0$——空白滴定时消耗的 1/2 H_2SO_4 标准液体积（mL）；

$\quad\quad$14.0——氮原子的摩尔质量（g/mol）；

$\quad\quad m$——烘干土样质量（g）。

2 次平行测定结果允许绝对相差为 5mg/kg。

(6) 注意事项。

①如果要将土壤中 $NO_3^- - N$ 包括在内，测定时需加硫酸亚铁（$FeSO_4 \cdot 7H_2O$）粉，并以 Ag_2SO_4 为催化剂，使 $NO_3^- - N$ 还原为 NH_3。而硫酸亚铁本身要消耗部分 NaOH，所以测定时所用 NaOH 溶液的浓度须提高。例如，2g 土加 1.07mol/L NaOH 溶液 10mL、硫酸亚铁 0.2g 以及饱和 Ag_2SO_4 溶液 0.1mL 进行碱解还原。

②由于胶液的碱性很强，在涂胶液和洗涤扩散皿时，必须特别细心，慎防污染内室。

③滴定时要用小玻璃棒小心搅动吸收液，切记不可摇动扩散皿。

4.5.4　土壤矿化氮的测定

(1) 嫌气培养-靛酚蓝吸光光度法。

①方法原理。将土样在淹水条件下培养一定时间，利用土壤嫌气微生物在一定温度下将有机态氮矿化成 $NH_4^+ - N$，然用 2mol/L KCl 浸提-靛酚蓝吸光光度法测定 $NH_4^+ - N$ 含量，减去土壤原有的无机 $NH_4^+ - N$ 含量即为矿化氮含量。

嫌气培养法是在淹水条件下进行的，无须考虑培养期间的通气及水分条件的控制，操作比好气培养法简便，测定结果的再现性也较好。嫌气培养法虽然是模拟水田条件，但也适用于旱地土壤矿化氮的测定。有关研究表明，嫌气培养法的矿化氮加上土壤初始无机氮是旱地上土壤供氨水平的良好指标。

②仪器设备。1/100 天平、恒温箱、振荡器、分光光度计。

③试剂配制。4mol/L KCl 溶液：称取 289.2g 氯化钾（KCl，化学纯或分析纯），溶于蒸馏水，稀释至 1L；其余试剂配制的方法同土壤铵态氮的测定。

④操作步骤。称取 5.00g 通过 18 目筛（筛孔直径 1mm）的风干土样，置于已盛有 12.5mL 水的 16×150mm 试管中，用塞子塞紧，放入 40℃的恒温箱中培养。7 d 后取出，摇动试管 30 s，将培养物倒入 150mL 三角瓶中，用 4mol/L

KCl 溶液洗涤试管 3～4 次（共用 4mol/L KCl 12.5mL）。用塞子塞紧，振荡30min，过滤。吸取滤液 1～5mL（$NH_4^+ - N$ 含量为 2～25μg）于 50mL 容量瓶中，按土壤铵态氮测定的操作步骤，用靛酚蓝吸光光度法测定 $NH_4^+ - N$ 含量。

⑤结果计算。

土壤矿化氮含量（mg/kg）＝土壤培养后 $NH_4^+ - N$ 含量－培养前土壤无机 $NH_4^+ - N$ 含量 (4-14)

⑥ 注意事项。

A. 应使培养处于密闭、嫌气条件下，避免生成 $NO_3^- - N$ 而通过反硝化作用使氮损失。因此，常用小容器培养并塞紧，或在试液上滴加几滴液状石蜡，既隔绝了空气，又可使培养过程中产生的气体能逸出。

B. 12.5mL 水和 12.5mL 4mol/L KCl 溶液混合后相当于用 25mL 2mol/L KCl 溶液浸提土壤 $NH_4^+ - N$。

(2) 好气培养-紫外分光光度法。

①方法原理。将土样置于好气条件下培养一定时间，利用土壤好气微生物，在一定温度下将有机态氮矿化成 $NH_4^+ - N$，并转化成 $NO_3^- - N$，然后用 1mol/L NaCl 浸提，用紫外分光度法测定 $NO_3^- - N$，必要时还需用靛酚蓝吸光光度法测定 $NH_4^+ - N$。培养前后无机态氮含量之差，即为矿化氮含量。

②仪器设备。1/100 天平、恒温箱、振荡器、分光光度计。

③试剂配制。

A. 1mol/L NaCl 溶液：称取 40.0g 氯化钠（NaCl，化学纯或分析纯），溶于蒸馏水，稀释至 1L。

B. 10%（V/V）H_2SO_4 溶液：吸取 100mL 浓硫酸（H_2SO_4，分析纯），缓缓加到盛有约 800mL 蒸馏水的大烧杯中，不断搅拌，冷却后，再加蒸馏水至 1L。

C. 镀铜的锌粒：称取 100g 锌粒（Zn，分析纯），用 50mL 1% H_2SO_4 溶液浸泡几分钟，洗净表面，再用蒸馏水冲洗 3～4 次，沥干后，加入 50mL 水和 25mL 硫酸铜（$CuSO_4 \cdot 5H_2O$，化学纯或分析纯）溶液，搅匀，放置约 30min，使锌粒表面镀上一层黑色金属铜。倾去硫酸铜溶液，用蒸馏水洗涤锌粒两次，再用 0.5% H_2SO_4 溶液浸洗一次，最后用蒸馏水冲洗 4～5 次，晾干。

D. $NO_3^- - N$ 标准贮备液 $[c$（N）＝100mg/L$]$：称取 0.722 1g 烘干的硝酸钾（KNO_3，分析纯），溶于蒸馏水中，用蒸馏水定容至 1L，存放于冰箱中。

E. $NO_3^- - N$ 标准工作溶液 $[c$（N）＝10mg/L$]$：用蒸馏水将 100mg/L $NO_3^- - N$ 溶液稀释 10 倍。

F. 2mol/L KCl 或 1mol/L NaCl 溶液：称取 149.1g 氯化钾（KCl，化学纯或

分析纯）或 58.4g 氯化钠（NaCl，化学纯或分析纯），溶于蒸馏水中，用蒸馏水定容至 1L。

G. 酚溶液：称取 10.0g 苯酚（C_6H_5OH，分析纯）和 100mg 硝普钠［亚硝基铁氰化钠，$Na_2Fe(CH)_5NO \cdot 2H_2O$，分析纯］溶于 1L 蒸馏水中。此试剂不稳定，须贮存于暗色瓶中，存放在 4℃ 冰箱中，注意硝普钠为剧毒物质。

H. 次氯酸钠碱性溶液：称取 10.0g 氢氧化钠（NaOH，化学纯或分析纯）、7.06g 磷酸氢二钠（$Na_2HPO_4 \cdot 7H_2O$，分析纯）、21.8g 磷酸钠（$Na_3PO_4 \cdot 12H_2O$，分析纯）和 10mL 5.25％ NaOCl（即含有效氯 5％的漂白剂溶液），溶于 1L 蒸馏水中。此试剂应与酚溶液同样保存。

I. 掩蔽剂：吸取 40％（m/V）酒石酸钾钠（$NaKC_4H_4O_6$，分析纯）溶液与 10％（m/V）乙二胺四乙酸二钠（$Na_2C_{10}H_{14}N_2O_8$，分析纯）溶液等体积混合。每 100mL 混合液中加 0.5mL 10mol/L NaOH 溶液，即得清亮的掩蔽剂溶液。

J. NH_4^+-N 标准贮备溶液［c（N）＝100mg/L］：称取 0.471 7g 干燥的硫酸铵［$(NH_4)_2SO_4$，分析纯］，溶于蒸馏水中，定容至 1L，存放于冰箱中。

K. NH_4^+-N 标准工作溶液［c（N）＝5mg/L］：测定当天用蒸馏水将 100mg/L NH_4^+-N 溶液稀释 20 倍。

④操作步骤。称取 10.0g 通过 10 目筛（筛孔直径 2mm）的土壤样品，放入 100mL 烧杯中，加入 30.0g 石英砂（通过 30～60 目筛并已预先洗净），充分混匀后移入盛有 6mL 水的 250mL 三角瓶中，移入时注意使石英砂、土壤混合物均匀地分布于瓶底，轻击瓶壁使土面大致水平。用单孔橡皮塞盖好，以防水分蒸发，但要求仍能通气。置于 30℃ 的培养箱中，培养 14d 后，取出，加入 100mL 1mol/L NaCl 溶液，用塞子塞紧，振荡 30min，过滤。按紫外分光光度法和靛酚蓝吸光光度法分别测土壤 NO_3^--N 含量和 NH_4^+-N 含量。

⑤结果计算。

土壤矿化氮含量（mg/kg）＝土壤培养后 NH_4^+-N 含量－培养前土壤无机 NH_4^+-N 含量　　　　　　　　　　　　　　　　　　　　　　　（4－15）

4.5.5　土壤速效磷的测定

化学浸提方法测定的土壤有效磷含量是土壤供磷能力高低的相对指标，它是合理施用磷肥的主要依据之一。土壤有效磷的浸提剂种类很多，近年来各国渐趋于集中或统一使用少数几种浸提剂，以利于测定结果的比较和交流。我国目前使用得最广的浸提剂是 0.5mol/L $NaHCO_3$ 溶液（Olsen 法的浸提剂），它不仅适用于石灰性土壤，也适用于碱性土壤、中性土壤和酸性土壤。

(1) Olsen 法原理。石灰性土壤由于有大量游离碳酸钙存在，不能用酸溶液来提取有效磷。一般用碳酸盐的碱溶液提取。由于碳酸根的同离子效应，碳酸盐的碱溶液降低了碳酸钙的溶解度，也就降低了溶液中钙的浓度，这样就有利于磷酸钙盐的提取。同时，由于碳酸盐的碱溶液降低了铝和铁离子的活性，有利于磷酸铝和磷酸铁的提取。此外，碳酸氢钠碱溶液中存在着 OH^-、HCO_3^-、CO_3^{2-} 等阴离子，有利于吸附态磷的置换，因此碳酸氢钠碱溶液不仅适用于石灰性土壤，也适应于中性和酸性土壤中速效磷的提取。待测液中的磷用钼锑抗试剂显色，进行比色测定。

（2）仪器设备。 1/100 天平、往复振荡器、分光光度计。

（3）试剂配制。

①0.5mol/L NaHCO$_3$ 浸提液：称取 42.0g 碳酸氢钠（NaHCO$_3$，化学纯或分析纯），溶解于 800mL 水中，以 0.5mol/L 氢氧化钠（NaOH，化学纯或分析纯）溶液调节浸提液的 pH 至 8.5。此溶液暴露于空气中可因失去 CO_2 而使 pH 升高，可于液面加一层矿物油保存之。此溶液在塑料瓶中比在玻璃瓶中贮存更好，若贮存超过 1 个月，应检查 pH 是否改变。

②无磷活性炭：活性炭常含有磷，应做空白试验，检验活性炭中有无磷存在。如活性炭含磷较多，须先用 2mol/L 盐酸（HCl，化学纯或分析纯）浸泡过夜，用蒸馏水冲洗多次后，再用 0.5mol/L 碳酸氢钠（NaHCO$_3$，化学纯或分析纯）浸泡过夜，用平瓷漏斗抽气过滤，再用少量蒸馏水淋洗多次，直至检查到无磷为止。如活性炭含磷较少，则直接用 NaHCO$_3$ 处理即可。

③5g/L 酒石酸锑钾溶液：称取 0.5g 酒石酸锑钾（C$_8$H$_4$K$_2$OSb$_2$，分析纯），溶于 100mL 水中。

④硫酸钼锑贮备液：量取 126mL 浓硫酸（H$_2$SO$_4$，分析纯），缓缓加入盛有 400mL 水的烧杯中，不断搅拌，冷却。另称取经磨细的钼酸铵〔(NH$_4$)$_2$MoO$_4$，分析纯〕10g，溶于温度约 60℃的 300mL 水中，冷却。然后将硫酸溶液缓缓倒入钼酸铵溶液中，再加入 5g/L 酒石酸锑钾溶液 100mL，冷却后，加蒸馏水稀释至 1L，摇匀，贮存于棕色试剂瓶中，此贮备液含 10g/L 钼酸铵、2.25mol/L H$_2$SO$_4$。

⑤钼锑抗显色剂：称取 1.5g 抗坏血酸（C$_6$H$_8$O$_6$，分析纯，左旋，旋光度 21°～22°），溶于 100mL 钼锑贮备液中。此溶液有效期不长，宜用时现配。

⑥磷标准贮备液：准确称取 0.439 0g 在 105℃条件下烘干 2h 的磷酸二氢钾（KH$_2$PO$_4$，优级纯），用蒸馏水溶解后，加入 5mL 浓硫酸，然后加蒸馏水定容至 1L，该溶液含磷 100mg/L，放入冰箱可供长期使用。

⑦5mg/L 磷（P）标准溶液：准确吸取 5mL 磷贮备液（100mg/L），放入 100mL 容量瓶中，用蒸馏水定容。该溶液现用现配。

⑧无磷定量滤纸。

(4) 操作步骤。称取 2.5g（精确至 0.01g）通过 20 目筛（筛孔直径 0.84mm）的风干土样，放入 150mL 塑料瓶中，加入 0.5mol/L NaHCO₃ 溶液 50mL，再加一勺无磷活性炭，塞紧瓶塞，在振荡器上振荡 30min，立即用无磷滤纸过滤，滤液承接于 100mL 三角瓶中，吸取滤液 10mL（含磷量高时吸取 2.5～5.0mL，同时应补加 0.5mol/L NaHCO₃ 溶液至 10mL）于 150mL 三角瓶中，再用滴定管准确加入蒸馏水 35mL，然后用移液管加入钼锑抗试剂 5mL，摇匀，放置 30min 后，在 880nm 或 700nm 波长下进行比色。以空白液的吸收值为 0，读出待测液的吸收值（A）。

标准曲线：分别准确吸取 5mg/L 磷（P）标准溶液 0mL、1.0mL、2.0mL、3.0mL、4.0mL 和 5.0mL 于 150mL 三角瓶中，再加入 0.5mol/L NaHCO₃ 10mL，准确加蒸馏水使各瓶的总体积达到 45mL，摇匀，最后加入钼锑抗试剂 5mL，混匀显色。同待测液一样进行比色，绘制标准曲线。最后溶液中磷的浓度分别为 0mg/L、0.1mg/L、0.2mg/L、0.3mg/L、0.4mg/L 和 0.5mg/L。

(5) 结果计算。

$$土壤中速效磷（P）含量（mg/kg）= \frac{C \times V \times f}{m} \quad (4-16)$$

式中：C——由标准曲线上查知速效磷的质量浓度（mg/L）；

V——显色液的体积（mL）；

f——分取倍数（即浸提液总体积与显色时吸取浸提液体积之比）；

m——烘干土样质量（g）；

土壤速效磷含量（Olsen 法）分级标准：小于 5mg/kg 为低水平，5～10mg/kg 为中水平，大于 10mg/kg 为高水平。

(6) 注意事项。

①活性炭对 PO_4^{3-} 有明显的吸附作用，当溶液中同时存在大量的 HCO_3^- 离子时，活性炭表面吸附了饱和的 HCO_3^- 离子，从而抑制了活性炭对 PO_4^{3-} 离子的吸附作用。

②Olsen 法中浸提温度对测定结果影响很大。有关资料曾用不同方式校正该法中浸提温度对测定结果的影响，但温度校正法都是在某些地区和某一条件下所得的结果，对于各地区不同土壤和不同条件不能完全适用，因此必须严格控制浸提时的温度条件。一般要在室温（20～25℃）下进行，具体分析时，前后各批样品应在这个范围内选择一个固定的温度，以便对各批结果进行相对比较。最好在恒温振荡器上进行提取。显色温度（20℃左右）较易控制。

③取 0.5mol/L NaHCO₃ 浸提滤液 10mL 于 50mL 容量瓶中，加蒸馏水和钼锑抗试剂后，即产生大量的 CO_2 气体，由于容量瓶口小，CO_2 气体不易逸出，

在摇匀过程中，常使试液外溢，形成测定误差。为了克服这个问题，可以准确加入提取液、水和钼锑抗试剂（共计50mL）于三角瓶中，混匀，显色。

4.5.6　土壤速效钾的测定

土壤速效钾测定常用的浸提剂是1mol/L乙酸铵（醋酸铵）溶液，但为了与其他营养元素一起浸提，或在没有火焰光度计或原子吸收分光光度计设备的实验室测定钾，也可选用其他浸提剂。不同的浸提剂测定速效钾的结果是不一致的，解释测定结果时，须采用不同的评价标准。

（1）方法原理。 以1mol/L中性乙酸铵溶液作为浸提剂，铵离子（NH_4^-）与土壤胶体上阳离子起交换作用，从而将钾交换下来，浸出液常用火焰光度计直接测定。为了抵消乙酸铵溶液的干扰影响，标准钾溶液也需要用1mol/L中性乙酸铵溶液配制。

（2）仪器设备。 1/100天平、火焰光度计、振荡器。

（3）试剂配制。

①1mol/L中性CH_3COONH_4（pH7）溶液：称取77.09g乙酸铵（醋酸铵，CH_3COONH_4，化学纯或分析纯），加蒸馏水至约900mL。用冰乙酸（冰醋酸，CH_3COOH，化学纯或分析纯）或氨水（NH_4OH，化学纯或分析纯）调至pH 7.0，然后加蒸馏水定容至1L。具体方法如下：取1mol/L CH_3COONH_4溶液50mL，用溴百里酚蓝作指示剂，以1∶1 NH_4OH或稀CH_3COOH调至绿色，此时溶液pH为7.0（也可以用酸度计调节）。根据所用NH_4OH或稀CH_3COOH的体积（以mL计），算出所配溶液大概需要量，最后调pH至7.0。

1mol/L中性CH_3COONH_4（pH7）溶液还可用冰乙酸和浓氨水混合配制。取冰乙酸57mL，加蒸馏水至500mL，加69mL浓氨水，再加蒸馏水至约980mL，用冰乙酸或氨水调节溶液pH为7.0，然后用蒸馏水定容至1L。

②100mg/L钾标准溶液：称取0.190 7g在110℃烘干2h的氯化钾（KCl，分析纯），溶于1mol/L中性CH_3COONH_4溶液中，定容至1L，即为含100mg/L钾（K）的乙酸铵溶液。分别准确吸取100mg/L钾的乙酸铵溶液0mL、2.5mL、5.0mL、10.0mL、15.0mL、20.0mL和40.0mL分别放入100mL容量瓶中，用1mol/L中性CH_3COONH_4溶液定容，即得0mg/L、2.5mg/L、5.0mg/L、10.0mg/L、15.0mg/L、20.0mg/L和40.0mg/L K的标准系列溶液。

（4）操作步骤。

①钾标准系列溶液的测定：调节好火焰光度计后，点击标准曲线测定按钮，从稀到浓依次进行测定，测定完成后，调出标准曲线并确认。

②称取5.00g通过18目筛（筛孔直径1mm）的风干土样，放入150mL塑

料瓶中，加入 1mol/L 中性 CH_3COONH_4 溶液 50mL，盖紧，振荡 30min，用干的中速定量滤纸过滤。滤液盛于小三角瓶中，在火焰光度计上测定样品。

(5) 结果计算。

$$土壤速效钾含量（mg/kg）= \frac{C \times V}{m} \qquad (4-17)$$

式中：C——待测液中 K 的质量浓度（mg/L）；

V——浸提液的体积（mL）；

m——烘干土样质量（g）。

(6) 注意事项。 含 CH_3COONH_4 的 K 标准溶液配制后不能放置过久，以免长霉而影响测定结果。

4.5.7 土壤有效养分的联合测定

(1) 方法原理。 用 Mehlich 3 浸提剂可以一次性浸提中性和酸性土壤中的 P、K、Ca、Mg、Na、Fe、Mn、Cu、Zn，其过滤液可供电感耦合等离子体发射光谱仪直接上机用。用 Mehlich 3 浸提剂能浸提水溶态磷、K、Ca、Mg，活性 Ca-P、Fe-P、Al-P 以及交换态 K、Ca、Mg。提取剂中加入乙二胺四乙酸（ED-TA）主要是为了更有效地通过络合作用提取微量元素（Cu、Mn、Zn、Fe），浸提剂中的 NH_4F 可浸提 Fe-P 和 Al-P 中的活性磷。为了避免 F^- 以 CaF_2 形态沉淀和磷的再吸附，应将浸提剂的 pH 控制在 2.9 以下。乙酸根的存在主要是为了使提取剂对酸度有较大的缓冲作用，而 NH_4^+ 和 H^+ 的存在，主要是为了浸提出交换性 Ca、Mg、K。

(2) 仪器设备。 1/100 天平、往返式振荡器、电感耦合等离子体发射光谱仪（ICP）、原子吸收分光光度计（AAS）、钙空心阴极灯、镁空心阴极灯。

(3) 试剂配制。

①Mehlich 3 贮备液（3.75mol/L NH_4F＋0.25mol/L EDTA）：称取 138.9g 氟化铵（NH_4F，分析纯），溶于装有约 500mL 的蒸馏水烧杯中；称取 73.1g 乙二胺四乙酸（EDTA，分析纯），溶于另一个装有约 400mL 蒸馏水烧杯中，两溶液混匀后移入 1L 容量瓶中，用蒸馏水定容，摇匀后转移至塑料瓶中保存。

②Mehlich 3 浸提剂：称取 100g 硝酸铵（NH_4NO_3，分析纯），溶解于装有约 4 000mL 的蒸馏水塑料杯中，加入 Mehlich 3 贮备液 20mL 混匀，再加入乙酸（醋酸）57.5mL 和 4.1mL 硝酸（HNO_3，分析纯），用蒸馏水定容至 5 000mL，充分混匀，放置于塑料瓶中，此溶液 pH 为 2.5±0.1。

③清洗液（2.0g/L $AlCl_3$）：称取 2.0g 氯化铝（$AlCl_3$，分析纯），加蒸馏水溶解后，用蒸馏水定容至 1L，用于清洗玻璃器皿和器具（玻璃和来自自来水中

微量的 Cu、Zn 可能污染浸提液，故一切试剂和浸提液、标准液都不能用玻璃瓶盛装，一切用具应先用 2.0g/L 的 $AlCl_3$ 清洗后，再用蒸馏水清洗）。

（4）标准溶液。

①标准储备液。

A. 1 000mg/L 铁标准储备液：称取 1.000g 金属铁（优级纯），溶于 30mL 1∶1 盐酸溶液（加热溶解），转移至 1L 容量瓶中，用蒸馏水定容，混匀。

也可用硫酸铁铵配制：称取 8.634g 硫酸铁铵 ［$NH_4Fe(SO_4)_2 \cdot 12H_2O$］，溶于蒸馏水中，加入 10mL 1∶5 硫酸溶液，转移至 1L 容量瓶中，稀释至刻度线，混匀。

B. 1 000mg/L 锰标准储备液：称取 1.000g 金属锰（优级纯），溶于 20mL 1∶1 硝酸溶液（加热溶解），转移至 1L 容量瓶中，用蒸馏水定容，混匀。

也可用硫酸锰配制：称取 2.749g 经 400～500℃ 灼烧至恒质量的无水硫酸锰（$MnSO_4$，分析纯），溶于蒸馏水中，加入 5mL 1∶5 硫酸溶解，转移至 1L 容量瓶中，用蒸馏水定容，混匀。

C. 1 000mg/L 铜标准储备液：称取 1.000g 金属铜（优级纯），溶于 20mL 1∶1 硝酸溶液（加热溶解），转移至 1L 容量瓶中，用蒸馏水定容，混匀。

也可用硫酸铜配制：称取 3.928g 五水合硫酸铜（$CuSO_4 \cdot 5H_2O$，分析纯），溶于蒸馏水中，加入 5mL 1∶5 硫酸溶解，转移至 1L 容量瓶中，用蒸馏水定容，混匀。

D. 1 000mg/L 锌标准储备液：称取 1.000g 金属锌（优级纯），溶于 30mL 1∶1 盐酸溶液（加热溶解），转移至 1L 容量瓶中，用蒸馏水定容，混匀。

也可用硫酸锌配制：称取 4.398g 七水合硫酸锌（$ZnSO_4 \cdot 7H_2O$，分析纯），溶于蒸馏水中，加入 5mL 1∶5 硫酸溶解，转移至 1L 容量瓶中，用蒸馏水定容，混匀。

E. 1 000mg/L 钙标准储备液：称取 2.498g 碳酸钙（$CaCO_3$，优级纯），加蒸馏水 10mL，边搅拌边加入 6mol/L 盐酸溶液，直到碳酸钙全部溶解，加热去除二氧化碳，冷却后转移至 1L 容量瓶中，用蒸馏水定容至刻度线，混匀。

F. 1 000mg/L 镁标准储备液：称取 1.000g 金属镁（光谱纯），溶于 5mL 1∶3 盐酸溶液中，转移至 1L 容量瓶中，用蒸馏水定容，混匀。

以上 6 种标准储备液也可直接购买有标准证书的储备液。

②标准工作液。

A. 1 000mg/L 铁标准工作液：即 1 000mg/L 铁标准储备液。

B. 100mg/L 锰标准工作液：吸取 10.0mL 1 000mg/L 锰标准储备液于 100mL 容量瓶中，用 Mehlich 3 浸提剂稀释至刻度线，即为 100mg/L 锰标准工作液。

C. 100mg/L 铜标准工作液：吸取 10.0mL 1 000mg/L 铜标准储备液于 100mL 容量瓶中，用 Mehlich 3 浸提剂定容，即为 100mg/L 铜标准工作液。

D. 100mg/L 锌标准工作液：吸取 10.0mL 1 000mg/L 锌标准储备液于 100mL 容量瓶中，用 Mehlich 3 浸提剂定容，即为 100mg/L 锌标准工作液。

E. 100mg/L 钙标准储备液：吸取 10.0mL 1 000mg/L 钙标准储备液于 100mL 容量瓶中，用 Mehlich 3 浸提剂定容，即为 100mg/L 钙标准工作液。

F. 10mg/L 镁标准工作液：吸取 10.0mL 1 000mg/L 镁标准储备液于 100mL 容量瓶中，用 Mehlich 3 浸提剂定容，即为 100mg/L 镁标准中间液；移取 10mL 100mg/L Mg 标准中间液至 100mL 容量，用 Mehlich 3 浸提剂定容，即为 10mg/L 镁标准工作液。

（5）操作步骤。 称取 5.00g 通过 10 目筛（筛孔直径 2mm）的风干土，放入 250mL 塑料瓶中，加入 50.00mL Mehlich 3 浸提剂（土、液体积比为 1∶10），盖上盖子后于往复振荡器中［振荡速率为（200 ± 20）r/min］充分振荡 5min。用中速定量滤纸过滤，滤液收集于 50mL 塑料瓶中。整个浸提过程应在恒温条件下进行，温度控制在（25±1）℃。滤液供上机测定用，应在 48 h 内完成测定，同时做空白试验。可直接用电感耦合等离子体发射光谱仪（ICP）测定铁、锰、铜、锌浓度。同时再从过滤液中吸取 10mL 至 50mL 容量瓶中，用 Mehlich 3 浸提剂定容，用原子吸收光谱仪测定钙和镁浓度。

①原子吸收分光光度法（AAS）。

A. 标准曲线：按照表 4－2 吸取钙、镁标准工作液一定体积于 100mL 容量瓶中，用 Mehlich 3 浸提剂定容，即为钙和镁混合标准系列溶液。

表 4－2 原子吸收分光光度法混合标准溶液系列

容量瓶编号	100mg/L 钙（Ca）标准工作液		10mg/L 镁（Mg）标准工作液	
	体积（mL）	浓度（mg/L）	体积（mL）	浓度（mg/L）
1	0.00	0.00	0.00	0.00
2	1.00	1.00	0.10	0.10
3	2.00	2.00	0.20	0.20
4	4.00	4.00	0.40	0.40
5	8.00	8.00	0.80	0.80
6	12.00	12.00	1.20	1.20
7	16.00	16.00	2.00	2.00

B. 样品的测定：吸取滤液 5～20mL 放入 50mL 容量瓶中，用 Mehlich 3 浸

提剂定容。测定前，根据待测元素的性质，参照仪器说明书，调整仪器至最佳工作状态。以 Mehlich 3 浸提剂（标准曲线零点）校正仪器零点，采用空气-乙炔火焰，在仪器上依次测定标准系列溶液、空白试剂及样品，然后根据标准曲线，查得待测样品浓度。

②电感耦合等离子体发射光谱法（ICP）。

A. 标准曲线：按照表 4-3 吸取铁、锰、铜、锌标准工作液一定体积于 100mL 容量瓶中，用 Mehlich 3 浸提剂定容，即为铁、锰、铜、锌混合标准系列溶液。

B. 样品的测定：将 Mehlich 3 浸提剂提取的过滤液直接上机进行测定。测定前，先根据元素的性质，参照仪器说明书，调整仪器至最佳工作状态，以 Mehlich 3 浸提剂为标准溶液的最低标准点，用电感耦合等离子体发射光谱仪测定混合标准溶液中铁、锰、铜和锌的强度，经微机处理各元素的分析数据，得到校正工作曲线，然后依次测定空白试剂及样品，根据校正标准曲线查得待测样品浓度。

(6) 结果计算。

$$W \ (mg/kg) = \frac{P \times V \times f}{m} \tag{4-18}$$

式中：W——土壤有效 Ca、Mg、Fe、Mn、Cu、Zn 的质量分数（mg/kg）；

P——由标准曲线上查知 Ca、Mg、Fe、Mn、Cu、Zn 的浓度（mg/L）；

V——浸提液体积（mL）；

f——分取倍数；

m——烘干土样质量（g）。

取平行测定结果的算术平均数作为测定结果，有效铜、锌的计算结果表示到小数点后两位，有效铁、锰、钙、镁的计算结果表示到小数点后 1 位。

表 4-3 电感耦合等离子体发射光谱法混合标准溶液系列

编号	1 000mg/L铁（Fe）标准工作液		100mg/L锰（Mn）标准工作液		100mg/L铜（Cu）标准工作液		100mg/L锌（Zn）标准工作液	
	加入标准工作液的体积/mL	相应的浓度/（mg/L）	加入标准工作液的体积/mL	相应的浓度/（mg/L）	加入标准工作液的体积/mL	相应的浓度/（mg/L）	加入标准工作液的体积/mL	相应的浓度/（mg/L）
1	0.00	0.00	0.00	0.00	0.00	0.00	0.00	0.00
2	0.25	2.50	0.50	0.50	0.10	0.10	0.10	0.10
3	0.50	5.00	1.00	1.00	0.20	0.20	0.20	0.20
4	1.00	10.00	2.00	2.00	0.50	0.50	0.50	0.50
5	2.50	25.00	5.00	5.00	1.00	1.00	1.00	1.00
6	5.00	50.00	10.00	10.00	2.50	2.50	2.50	2.50
7	10.00	100.00	20.00	20.00	5.00	5.00	5.00	5.00

(7) 注意事项。

①为了避免 F^- 以 CaF_2 形式沉淀和磷的再吸附，应将 Mehlich 3 浸提剂的 pH 控制在 2.9 以下。配制 Mehlich 3 浸提剂时应尽量准确，这样可不必每次都测定 pH，因为溶液中的 F^- 容易对玻璃电极和复合电极造成损坏。

②玻璃器皿会带来 Be 的污染，橡皮塞尤其是新塞子会严重引起 Zn 的污染，建议最好使用塑料瓶进行振荡和接收滤液等。如果同时测定大量元素与微量元素，塑料器皿应先用 2g/L $AlCl_3$ 或 5% HCl、5% HNO_3 溶液浸泡过夜，洗净后备用。

③用 Mehlich 3 浸提剂浸提的土壤浸出液常带有颜色，有粉红色、淡黄色或橙黄色，深浅不一，因土壤不同而异。粉红色可能与 Mn 含量高或者浸提出的某些有机物质有关，黄色可能与 Fe 含量高或某些有机物质有关。溶液颜色可通过加入活性炭脱去，但这样做会对 Zn 造成污染，故以不加活性炭为宜。

④使用原子吸收分光光度法测定有效钙、镁时，浸出液需要用 Mehlich 3 浸提剂适当稀释后再测定。如果条件具备，可直接用电感耦合等离子体发射光谱仪（ICP）进行测定，而不需要稀释。

⑤应特别注意，浸提过程应规范化。同时应做空白试验。

⑥浸出液应清亮，浑浊溶液易堵塞仪器进样管道，影响测定结果的准确度。

⑦在配制混合标准溶液时，应注意配制用的试剂中其他元素的干扰。例如用磷酸二氢钾配制的磷标准溶液中含有 K，用硫酸盐配制的标准溶液中含有 S 等，因此，在配制混合标准溶液时上，应避开其他元素的干扰。

4.6 土壤碳、氮和磷组分的测定

4.6.1 易氧化有机碳的测定

(1) 方法原理。 土壤易氧化有机碳（readily oxidizable carbon，ROC），是指土壤中易被氧化且活性较高的有机碳，能够敏感反映群落植被环境与土壤环境的早期变化，周转时间较短，而且是植物营养的主要来源，也被称为土壤活性有机碳。一般认为能被 333mmol/L 的 $KMnO_4$ 溶液氧化的有机碳为易氧化有机碳，用过量的高锰酸钾氧化土样中的易氧化有机碳，根据高锰酸钾对照浓度（理论上是 333mmol/L）与氧化易氧化有机碳后余下的高锰酸钾的浓度之差，来分别定量不同土样中易氧化有机碳消耗高锰酸钾的摩尔质量，进而计算每个土壤样品中易氧化有机碳的含量。

(2) 仪器设备。 分光光度计、离心机、摇床、1/100 天平。

(3) 试剂配制。

①333mmol/L KMnO₄：称取 52.614g 高锰酸钾（KMnO₄，分析纯），置于 1L 容量瓶中，用蒸馏水定容至 1L。

②标准 33.3mmol/L KMnO₄ 溶液：称取 5.261 4g KMnO₄，置于 1L 容量瓶中，用蒸馏水定容至 1L。

③标准 3.33mmol/L KMnO₄ 溶液：吸取上述标准 33.3mmol/L KMnO₄ 溶液 100.0mL 于 1L 容量瓶中，用蒸馏水定容至 1L。

(4) 操作步骤。

①KMnO₄ 标准系列溶液：分别吸取 33mL、34mL、35mL、36mL、37mL、38mL、39mL 和 40mL 3.33mmol/L KMnO₄ 标准溶液，放入 100mL 容量瓶中，用蒸馏水定容至 100mL，则该标准系列溶液浓度分别为 1.099mmol/L、1.132mmol/L、1.166mmol/L、1.199mmol/L、1.232mmol/L、1.265mmol/L、1.299mmol/L 和 1.332mmol/L。

②称取通过 20 目筛（筛孔直径 0.84mm）的含碳量为 15mg 的风干土样，即土样质量（g）＝0.015 /土样总碳含量；将上述土样放入 100mL 离心管中，加入 25mL 的 333mmol/L KMnO₄，拧紧盖子，200 r/min 振荡 1 h，空白实验同时进行（不含土样，其他操作一样）；振荡后 4 000 r/min 离心 5min，每一离心管用微量移液器吸取 0.4mL 滤液转入 100mL 容量瓶中，用蒸馏水定容至 100mL（稀释 250 倍）。

③稀释液在分光光度计上于波长 565nm 处进行比色，同时 KMnO₄ 标准系列溶液也要比色，使样品浓度在标准系列溶液浓度范围内。

(5) 结果计算。 土壤易氧化有机碳含量用 mg/g 表示（1mmol KMnO₄ 氧化 0.75mmol 有机碳），根据消耗的 KMnO₄ 量求出土壤易氧化有机碳含量，计算公式如下：

$$C_{消耗} ＝ C_{对照} － C_{剩余} \tag{4-19}$$

式中：$C_{消耗}$——消耗 KMnO₄ 的量（mg/g）；

　　　$C_{对照}$——对照 333mmol/L KMnO₄ 的量（mg/g）；

　　　$C_{剩余}$——氧化易氧化有机碳后余下的 KMnO₄ 的量（mg/g）。

(6) 注意事项。

①MnO₂ 和光能使 KMnO₄ 分解，为避免浸提液和 KMnO₄ 标准液浓度改变，溶液需小心准备和储存。

②土样总碳含量及土壤与提取液接触时间对氧化量有显著影响，统一为 15mg 总碳含量，在提取过程中严格执行操作程序能显著减少误差。

4.6.2 微生物生物量碳的测定

(1) 方法原理。 土壤微生物生物量碳是指土壤中所有活微生物体中有机碳的总量，通常占微生物干物质的 $40\%\sim50\%$，是反映土壤微生物生物量的重要微生物学指标。Jenkinson 和 Powlson 等（1976）最先提出并建立了土壤微生物生物量碳的熏蒸培养法，为土壤微生物生物量碳的测定找到一种较为方便的间接方法。但是，该方法对熏蒸灭菌、熏蒸后去除氯仿及培养装置的密封性、培养条件和时间有严格的要求，而且培养时间较长，不适宜样品的大批量分析。在此基础上，Vance 等（1987）建立了土壤微生物生物量碳的氯仿熏蒸 $0.5mol/L$ K_2SO_4 提取-容量分析法。之后，Wu 等（1990）对提取液为 $0.5mol/L$ K_2SO_4 溶液的土壤有机碳分析方法进行改进，又建立了氯仿熏蒸 $0.5mol/L$ K_2SO_4 提取-仪器分析法，该方法更为快速、简便、精确，适用于大量样品分析。

(2) 仪器设备。 1/100 天平、油浴消化装置（包括油浴锅和铁丝笼）、可调温电炉、秒表、自动控温调节器、真空干燥器等。

(3) 试剂配制。

①无乙醇氯仿（$CHCl_3$，分析纯）：普通氯仿试剂一般含有少量乙醇作为稳定剂，使用前需将乙醇除去，将氯仿试剂与蒸馏水按 1∶2（体积比）的比例一起放入分液漏斗中，充分摇动 1min，慢慢放出底层氯仿于烧杯中，如此洗涤 3 次。向得到的无乙醇氯仿中加入无水氯化钙，以除去氯仿中的水分。将纯化后的氯仿置于暗色试剂瓶中，避光保存于 4℃冰箱中。注意氯仿具有致癌作用，必须在通风橱中进行操作。

②$0.5mol/L$ K_2SO_4 溶液：称取 87.10g 硫酸钾（K_2SO_4，分析纯），溶于蒸馏水中，用蒸馏水定容至 1L。

③重铬酸钾（$0.018mol/L$）-硫酸（$12mol/L$）混合液：称取 5.30g 重铬酸钾（$K_2Cr_2O_7$，分析纯），溶于 400mL 蒸馏水中，慢慢加入 435mL 浓硫酸（H_2SO_4，分析纯），边加边搅拌，冷却至室温后，用蒸馏水定容至 1L。

④$0.05mol/L$ 重铬酸钾标准溶液：称取 2.451 5g 经 130℃烘干的重铬酸钾（$K_2Cr_2O_7$，分析纯），溶于蒸馏水中，用蒸馏水定容至 1L。

⑤邻啡罗啉指示剂。称取 1.49g 邻啡罗啉（$C_{12}H_8N_2$，分析纯），溶于 100mL $0.05mol/L$ 七水合硫酸亚铁（$FeSO_4 \cdot 7H_2O$，分析纯）溶液中。密封，保存于棕色试剂瓶中。

⑥$0.05mol/L$ 硫酸亚铁溶液：称取 13.9g 硫酸亚铁（$FeSO_4 \cdot 7H_2O$，分析纯），溶于 800mL 蒸馏水中，慢慢加入浓硫酸 5mL，用蒸馏水定容至 1L，保存于棕色试剂瓶中。此溶液易被空气氧化，使用前应标定。标定方法：取

20.00mL 上述 0.05mol/L 重铬酸钾标准溶液于 150mL 三角瓶中，加 3mL 浓硫酸和 1 滴邻啡罗啉指示剂，用硫酸亚铁溶液滴定至终点，根据所消耗的硫酸亚铁溶液量计算其准确浓度。

（4）操作步骤。

①称取新鲜土壤（相当于干土 50.0g）3 份，分别放入 3 个 100mL 的烧杯中。将烧杯放入真空干燥器中，并放置盛有无乙醇氯仿（约 2/3）的 25mL 烧杯 2 只或 3 只，烧杯内放入少量防爆沸玻璃珠，同时放入一盛有 NaOH 溶液的小烧杯，以吸收熏蒸过程中释放出来的 CO_2，干燥器底部加入少量水以保持容器湿度。盖上真空干燥器盖子，用真空泵抽真空，使氯仿沸腾 5min。关闭真空干燥器阀门，于 25℃黑暗条件下培养 24h。

②熏蒸结束后，打开真空干燥器阀门（应听到空气进入的声音，否则熏蒸不完全，重做），取出盛有氯仿（可重复利用）和稀 NaOH 溶液的小烧杯，清洁干燥器，反复抽真空（5 次或 6 次，每次 3min，每次抽真空后最好完全打开干燥器盖子），直到土壤无氯仿味道为止。同时，另称等量的 3 份土壤置于另一干燥器中，作为不熏蒸对照处理。

③从干燥器中取出熏蒸土壤和未熏蒸土壤，将土壤完全转移到 200mL 聚乙烯塑料管中，加入 100mL 0.5mol/L 硫酸钾溶液（土、水体积比例为 1∶4），300 r/min 振荡 30min，用中速定量滤纸过滤。同时也设 3 个无土壤基质空白。土壤提取液最好立即分析，或置于-20℃冰箱中冷冻保存。

④吸取上述土壤提取液 10.0mL 于 150mL 消化管中，准确加入 10mL 重铬酸钾（0.018mol/L）-硫酸（12mol/L）混合液，再加入 3 片或 4 片经浓盐酸浸泡过夜后洗涤烘干的瓷片，以防爆沸），混匀后置于油浴消化装置中煮沸 10min。冷却后转移至 150mL 三角瓶中，用蒸馏水洗涤消化管 3~5 次使溶液体积约为 80mL，加入一滴邻啡罗啉指示剂，用 0.05mol/L 硫酸亚铁标准溶液滴定至溶液颜色由橙黄色变化为蓝绿色，再变为棕红色，即为滴定终点。

（5）结果计算。

$$B_c = \frac{E_c}{kec} \qquad (4-20)$$

式中：B_c——土壤微生物生物量碳（mg/g）；

　　　E_c——熏蒸和未熏蒸土壤有机碳含量的差值（mg/g）；

　　　kec——转换系数，取值 0.38。

熏蒸和未熏蒸土壤有机碳含量计算如下：

$$土壤有机碳含量（mg/g）= \frac{C \times (V_0 - V) \times f \times 12}{m} \qquad (4-21)$$

式中：C——$FeSO_4$ 标准溶液浓度（mol/L）；

V_0——滴定空白消耗的 $FeSO_4$ 溶液体积（mL）；

V——滴定样品消耗的 $FeSO_4$ 溶液体积（mL）；

f——分取倍数；

12——碳原子的摩尔质量（g/mol）；

m——烘干土样质量（g）。

4.6.3 可溶性有机碳含量的测定

土壤可溶性有机碳含量的测定基本上同微生物生物量碳的测定，只是没有熏蒸过程。

4.6.4 微生物生物量氮的测定

土壤微生物生物量氮是指土壤中所有活微生物体内含有的氮的总量，仅占土壤有机氮总量的 1%～5%，是土壤中最活跃的有机氮组分，其周转变化对土壤氮素循环及植物氮素营养起着重要作用。土壤微生物生物量氮的测定与微生物生物量碳的测定中熏蒸提取步骤相同，目前主要采用熏蒸提取-全氮测定法和熏蒸提取茚三酮比色法两种。

(1) 熏蒸提取-全氮测定法。

①方法原理。新鲜土壤经氯仿熏蒸后（24 h），矿化速度加快，土壤微生物死亡细胞发生裂解，释放出微生物生物量氮，用一定体积的 0.5mol/L K_2SO_4 溶液提取土样，样品在混合催化剂的参与下，用浓硫酸消煮使微生物态氮经过复杂的高温分解反应转化为氨，与硫酸形成硫酸铵，碱化后蒸馏出来的氨用硼酸吸收，以标准酸溶液滴定，求出土壤微生物生物量氮含量。根据熏蒸土壤与未熏蒸土壤测定有机氮含量的差值及转换系数（A_m），计算土壤微生物生物量氮。

②仪器设备。1/100 天平、消煮炉、半微量定氮仪、可调温电炉、真空干燥器、振荡器、水浴锅。

③试剂配制。

A. 浓硫酸（H_2SO_4，分析纯）。

B. 0.5mol/L K_2SO_4 溶液：称取 87.10g 硫酸钾（K_2SO_4，分析纯），溶于蒸馏水中，用蒸馏水定容至 1L。

C. 无乙醇氯仿（$CHCl_3$，分析纯）：普通氯仿试剂一般含有少量乙醇作为稳定剂，使用前需将乙醇除去，将氯仿试剂与蒸馏水按 1∶2（体积比）的比例一起放入分液漏斗中，充分摇动 1min，慢慢放出底层氯仿于烧杯中，如此洗涤 3 次。向得到的无乙醇氯仿中加入无水氯化钙，以除去氯仿中的水分。将纯化后的氯仿置于暗色试剂瓶中，避光保存于4℃冰箱中。注意氯仿具有致癌作用，必须在通风橱中进行操作。

D. 10mol/L 氢氧化钠溶液：称取 420g 固体氢氧化钠（NaOH，化学纯或分析纯）放于硬质玻璃烧杯中，加入 400mL 蒸馏水溶解并不断搅拌，以防止烧杯底角固结，冷却后倒入塑料试剂瓶中，盖上塞子，以防止吸收空气中的 CO_2，放置几天，待 Na_2CO_3 沉降后，用虹吸法将清液吸入盛有约 160mL 去 CO_2 的蒸馏水中，并用去 CO_2 的蒸馏水定容至 1L，盖上橡皮塞。

E. 甲基红-溴甲酚绿混合指示剂：称取 0.1g 甲基红（CHN_3O_2，分析纯）和 0.5g 溴甲酚绿（$C_{21}H_{14}Br_4O_5S$，分析纯），溶于 100mL 乙醇（CH_3CH_2OH，分析纯）中。

F. 20g/L H_2BO_3 指示剂：称取 20g 硼酸（H_2BO_3，化学纯或分析纯），溶于蒸馏水中，并定容至 1L。使用前，每升 H_2BO_3 溶液中加入甲基红-溴甲酚绿混合指示剂 5mL，并用稀酸或稀碱调节溶液颜色为微紫红色，使该溶液的 pH 为 4.8。此试剂宜现配，不宜久放。

G. 混合加速剂：K_2SO_4：$CuSO_4$：Se＝100：10：1，称取 100g 硫酸钾（K_2SO_4，化学纯或分析纯）、10g 硫酸铜（$CuSO_2\cdot5H_2O$，化学纯或分析纯）、1g 硒粉（Se，化学纯或分析纯），混合研磨（应戴口罩），并通过 80 号筛孔直径筛，充分混合均匀，储存于具塞瓶中。

H. 0.02mol/L 1/2 H_2SO_4 标准溶液：吸取 2.83mL 浓硫酸（H_2SO_4，分析纯），加蒸馏水稀释至 5 000mL，然后用标准碱或硼砂标定，标定后再将此标准溶液稀释 10 倍。

④操作步骤。

A. 称取新鲜土壤（相当于干土 10.0g）3 份，分别放入 3 个 25mL 的小烧杯中。将烧杯放入真空干燥器中，并放置盛有无乙醇氯仿（约 2/3）的 15mL 烧杯 2 只或 3 只，烧杯内放入少量防爆沸玻璃珠，同时放入一只盛有 NaOH 溶液的小烧杯，以吸收熏蒸过程中释放出来的 CO_2，干燥器底部加入少量水以保持容器湿度。盖上真空干燥器盖子，用真空泵抽真空，使氯仿沸腾 5min。关闭真空干燥器阀门，于 25℃黑暗条件下培养 24h。

B. 熏蒸结束后，打开真空干燥器阀门（应听到空气进入的声音，否则熏蒸不完全，需重做），取出盛有氯仿（可重复利用）和稀 NaOH 溶液的小烧杯，清洁干燥器，反复抽真空（5 次或 6 次，每次 3min，抽真空后最好完全打开干燥器盖子），直到土壤无氯仿为止。同时，另称等量的 3 份土壤，置于另一个干燥器中作为不熏蒸对照处理。

C. 从干燥器中取出熏蒸和未熏蒸土样，将土样完全转移至 80mL 聚乙烯离心管中，加入 40mL 0.5mol/L 硫酸钾溶液（土、水体积比例为 1∶4），300r/min 振荡 30min，用中速定量滤纸过滤。同时做 3 个无土壤基质的空白对照。土壤提取液最好立即分析，或置于−20℃冰箱中冷冻保存（使用前需解冻摇匀）。

D. 吸取 20mL 土壤浸提液于 50mL 开氏瓶中，加入 0.5mL 浓 H_2SO_4，以防铵的损失。在水浴中加热至溶液体积减小 1～2mL，然后加入 3g 混合加速剂（K_2SO_4∶$CuSO_4$∶Se＝90∶9∶1）和 8mL 浓 H_2SO_4，摇匀，在消煮炉温度为 340℃下消煮至开氏瓶内液体变清（约 3h），冷却后，将消煮液转移于 50mL 容量瓶中，少量多次洗涤开氏瓶，并将洗液转移至容量瓶中，用蒸馏水定容。

E. 吸取 20mL 消煮液于蒸馏管中，将盛有 5mL 硼酸指示剂的三角瓶放于冷凝管下端。加 20mL 40% NaOH 溶液于蒸馏管中进行蒸馏，直到馏出液体积为 50～60mL，停止蒸馏，用少量蒸馏水冲洗冷凝管下端，取下三角瓶，用酸标准溶液滴定，溶液颜色变成紫红色时为滴定终点。同时进行空白试验，以校正试剂和滴定误差。

⑤结果计算。

$$B_N = \frac{Z_N}{A_M} \qquad (4-22)$$

式中，B_N——土壤微生物生物量氮（mg/g）；

Z_N——熏蒸和未熏蒸土壤有机氮含量的差值（mg/g）；

A_M——转换系数，取值为 0.54。

熏蒸和未熏蒸土壤有机氮含量的计算如下：

$$土壤有机氮含量（mg/g）= \frac{C \times (V-V_0) \times f \times 14}{m} \qquad (4-23)$$

式中：C——H_2SO_4 标准溶液浓度（mol/L）；

V——滴定样品时消耗的 H_2SO_4 标准溶液体积（mL）；

V_0——滴定空白时消耗的 H_2SO_4 标准溶液体积（mL）；

f——分取倍数；

14——氮的摩尔质量（g/mol）；

m——烘干土样质量（g）。

（2）熏蒸提取-茚三酮比色法。 Amato 和 Ladd（1988）研究表明新鲜土壤熏蒸过程中所释放出的氮，主要成分为氨基酸态氮和铵态氮，这两种氮可用茚三酮反应定量测定，并发现熏蒸土壤与未熏蒸土壤提取的茚三酮反应态氮的增量，与土壤微生物生物量氮之间存在显著的相关性。因此，人们采用熏蒸提取茚三酮比色法来测定土壤微生物生物量氮。

①方法原理。新鲜土壤经氯仿熏蒸后（24h），释放土壤中的氨基酸态氮和

铵态氮，经用一定体积的 0.5mol/L K$_2$SO$_4$ 溶液提取，提取液中氨基酸态氮和铵态氮与茚三酮发生反应，形成紫蓝色化合物，其形成量与 NH$_3$ 浓度呈正相关，故用茚三酮比色法测定提取液中 NH$_3$ 的含量。根据熏蒸土壤与未熏蒸土壤测定有机氮（NH$_4^+$ - N）含量的差值及转换系数（m），计算土壤微生物生物量氮。

②仪器设备。分光光度计、水浴锅、真空干燥器。

③试剂配制。

A. 无乙醇氯仿（CHCl$_3$，分析纯）：普通氯仿试剂一般含有少量乙醇作为稳定剂，使用前需将乙醇除去，将氯仿试剂与蒸馏水按 1∶2（体积比）的比例一起放入分液漏斗中，充分摇动 1min，慢慢放出底层氯仿于烧杯中，如此洗涤 3 次。向得到的无乙醇氯仿中加入无水氯化钙，以除去氯仿中的水分。将纯化后的氯仿置于暗色试剂瓶中，避光保存于 4℃冰箱中。注意氯仿具有致癌作用，必须在通风橱中进行操作。

B. 0.5mol/L K$_2$SO$_4$ 溶液：称取 87.10g 硫酸钾（K$_2$SO$_4$，分析纯），溶于蒸馏水中，用蒸馏水定容至 1L。

C. pH5.2 的乙酸锂溶液：称取 168g 乙酸锂（CH$_3$COOLi，分析纯），加入 279mL 冰乙酸（冰醋酸，CH$_3$COOH，化学纯或分析纯），用蒸馏水定容至 1L，用浓盐酸或 50% 的氢氧化钠溶液调节 pH 至 5.2。

D. 茚三酮溶液：将 150mL 二甲基亚砜（C$_2$H$_6$OS，分析纯）和 50mL 乙酸锂溶液放入烧杯中，加入 4g 水合茚三酮（C$_9$H$_{10}$O$_2$，分析纯）和 0.1g 还原茚三酮（C$_{10}$H$_6$O$_2$，分析纯），搅拌至完全溶解。

E. 50% 乙醇溶液：吸取 50mL 无水乙醇（C$_2$H$_6$O，分析纯）于 100mL 容量瓶中，用蒸馏水定容。

F. 1mol/L 的硫酸铵标准储存液：称取 4.716 7g 经 105℃ 烘 2h 的硫酸铵［(NH$_4$)$_2$SO$_4$，分析纯］，溶于 0.5mol/L 硫酸钾溶液中，并用硫酸钾溶液定容至 1L，摇匀，于 4℃冰箱中保存。

G. 0.1mol/L 的硫酸铵标准液：吸取 10mL 1mol/L 的 (NH$_4$)$_2$SO$_4$ 标准储存液于 100mL 容量瓶中，用 0.5mol/L 硫酸钾溶液定容至 100mL，摇匀。此溶液应现配现用。

H. 标准系列溶液：分别吸取 0.00mL、0.50mL、1.00mL、2.00mL、3.00mL、4.00mL 和 5.00mL 0.1mol/L 的硫酸铵标准液于 100mL 容量瓶中，用 0.5mol/L 硫酸钾溶液定容至 100mL，摇匀，则该硫酸铵标准氮系列溶液的浓度分别为 0mol/L、0.25mol/L、0.5mol/L、1.0mol/L、1.5mol/L、2.0mol/L 和 2.5mol/L。

④操作步骤。

A. 称取新鲜土壤（相当于干土 10.0g）3 份，分别放入 3 个 25mL 的小烧杯中。将烧杯放入真空干燥器中，并放置盛有无乙醇氯仿（约 2/3）的 25mL 烧杯 2 只或 3 只，烧杯内放入少量防爆沸玻璃珠，同时放入一只盛有 NaOH 溶液的小烧杯，以吸收熏蒸过程中释放出来的 CO_2，干燥器底部加入少量水以保持容器湿度。盖上真空干燥器盖子，用真空泵抽真空，使氯仿沸腾 5min。关闭真空干燥器阀门，于 25℃黑暗条件下培养 24 h。

B. 熏蒸结束后，打开真空干燥器阀门（应听到空气进入的声音，否则熏蒸不完全，需重做），取出盛有氯仿（可重复利用）和稀 NaOH 溶液的小烧杯，清洁干燥器，反复抽真空（5 次或 6 次，每次 3min，抽真空后最好完全打开干燥器盖子），直到土壤无氯仿为止。同时，另称等量的 3 份土壤，置于另一个干燥器中作为不熏蒸对照处理。

C. 从干燥器中取出熏蒸土壤和未熏蒸土壤，将土壤完全转移至 80mL 聚乙烯离心管中，加入 40mL 0.5mol/L 硫酸钾溶液（土、水比例为 1：4），300 r/min 振荡 30min，用中速定量滤纸过滤。同时做 3 个无土壤基质的空白对照。土壤提取液最好立即分析，或置于 -20℃冰箱中冷冻保存（使用前需解冻摇匀）。

D. 吸取 0.5mL 样品提取液和标准系列溶液，分别置于 10mL 的塑料离心管中，加入 2mL 茚三酮显色剂搅拌，充分混匀后置于试管架上，在沸水中水浴 15min，迅速冷却（冰浴约 2min）后，加入 6mL 50％乙醇溶液，摇匀，在分光光度计上于 570nm 波长下比色。

⑤结果计算。

$$B_N = m\, E_{min-N} \qquad\qquad (4-24)$$

式中：B_N——土壤微生物生物量氮（mg/g）；

   m——转换系数，取值为 5.0；

E_{min-N}——熏蒸和未熏蒸土壤有机氮含量的差值（mg/g）。

4.6.5 土壤无机磷组分的测定

土壤中的磷分为无机磷和有机磷两大类。无机磷中又可分磷酸钙、磷酸铝、磷酸铁和闭蓄态磷酸盐，即为氧化物包裹的磷酸铝和磷酸铁。这些磷酸盐在不同的土壤中存在的比例不同。石灰性土壤中以磷酸钙盐为主，强酸性土壤中以磷酸铁占优势。在系统分析中 NH_4F 和 NaOH 处理必须在 H_2SO_4 处理之前，因为硫酸不仅溶解磷酸钙，也溶解大量的磷酸铝和磷酸铁。

（1）方法原理。土壤无机形态磷分级测定方法的基本原理，是利用不同化学浸提剂的特性，将土壤中各种形态的无机磷酸盐加以逐级分离。土壤样品首先用

1mol/L NH_4Cl 浸提，提出的部分为水溶性磷，以及断键的磷和结合松弛的磷。除新施磷肥的土壤外，在一般自然土壤中，这部分磷量很少，通常不必测定这一级浸出液中的磷。第二级无机磷酸盐的分离用 0.5mol/L NH_4F 浸提，浸提剂在 pH8.2 的条件下，F^- 与 Al^{3+} 形成配合物，与 Fe^{3+} 的配合能力很弱，这样使 Al－P（铝结合的磷酸盐）基本上可以与 Fe－P（铁结合的磷酸盐）分离。第三级无机磷酸盐的分离用 0.1mol/L NaOH 浸提，由于 Fe－P 与 NaOH 的水解反应，使 Fe－P 中的磷酸根转化而释放。继而用 0.3mol/L 柠檬酸钠和连二亚硫酸钠溶液浸提 O－P（闭蓄态磷酸盐）。这部分磷被氧化铁胶膜所包蔽，利用连二亚硫酸钠强烈的还原作用，使包蔽的氧化铁还原成亚铁，继而被柠檬酸钠配合，使氧化亚铁包裹不断剥离，而浸提出全部闭蓄态磷。以上 Al－P、Fe－P 和 O－P 的浸提都是在碱性条件下进行的，基性的 Ca－P（钙结合的磷酸盐）几乎不被溶解。此后，土壤再用 0.5mol/L H_2SO_4 浸提，在这一强酸性溶液中，Ca－P（包括所以氟磷灰石）绝大部分被浸提出来。

(2) 仪器设备。 1/100 天平、振荡器、恒温水浴、pH 计、分光光度计、离心机（100mL 离心管，6 000 r/min）、电动搅拌机。

(3) 试剂配制。

①1mol/L NH_4Cl 溶液：称取 53.3g 氯化铵（NH_4Cl，化学纯或分析纯），溶于约 800mL 蒸馏水中，用蒸馏水定容至 1L。

②0.5mol/L NH_4F 溶液：称取 18.5g 氟化铵（NH_4F，化学纯或分析纯），溶于约 800mL 蒸馏水中，加蒸馏水至 990mL，用 4mol/L 氢氧化钠（NaOH，化学纯或分析纯）调至 pH 8.2（用 pH 计测定），再用蒸馏水定容至 1L。

③0.1mol/L NaOH 溶液：称取 4.0g 氢氧化钠（NaOH，化学纯或分析纯），溶于约 800mL 蒸馏水中，冷却后用蒸馏水定容至 1L，标定。

④0.30mol/L 柠檬酸钠溶液：称取 88.2g 柠檬酸钠（$Na_3C_6H_5O_7 \cdot 2H_2O$，化学纯或分析纯），溶于约 900mL 热蒸馏水中，冷却后用蒸馏水定容至 1L。

⑤0.5mol/L（$1/2H_2SO_4$）溶液：吸取 15mL 浓硫酸（H_2SO_4，化学纯或分析纯），缓缓放入盛有约 800mL 蒸馏水的烧杯中，冷却后用蒸馏水定容至 1L，标定。

⑥ 0.5mol/L NaOH 溶液：称取 20g 氢氧化钠（NaOH，化学纯或分析纯），溶于约 800mL 蒸馏水中，冷却后用蒸馏水定容至 1L，标定。

⑦ 饱和 NaCl 溶液：称取 400g 氯化钠（NaCl，化学纯或分析纯），溶于 1L 蒸馏水中，待溶解至饱和后过滤。

⑧ 三酸混合液。硫酸（H_2SO_4，化学纯或分析纯）、高氯酸（$HClO_4$，化学纯或分析纯）、硝酸（HNO_3，化学纯或分析纯）以 1：2：7 的体积比例混合。

⑨ 0.8mol/L H₃BO₃ 溶液。称取 49.0g 硼酸（H₃BO₃，分析纯），溶于约 900mL 热蒸馏水中，冷却后用蒸馏水定容至 1L。

⑩ 硫酸钼锑贮备液：量取 126mL 浓硫酸（H₂SO₄，化学纯或分析纯），缓缓加入盛有约 400mL 蒸馏水的烧杯中，不断搅拌，冷却。另称取 10g 已磨细的钼酸铵［(NH₄)₂MoO₄，分析纯]，溶于温度约 60℃ 300mL 蒸馏水中，冷却，然后将硫酸溶液缓缓倒入钼酸铵溶液中，再加入 100mL 5g/L 酒石酸锑钾溶液，冷却后，用蒸馏水定容至 1L，摇匀，储存于棕色试剂瓶中，此储备液含 10g/L 钼酸铵、2.25mol/L H₂SO₄。

⑪ 钼锑抗显色剂：称取 1.5g 抗坏血酸（分析纯，左旋，旋光度 21°～22°），溶于 100mL 钼锑贮备液中。此溶液有效期不长，宜现用现配。

（4）操作步骤。

①Al-P 的测定。称取 1.000 0g 通过 100 目筛（筛孔直径 0.25mm）的风干土样，置于 100mL 离心管中，加入 1.0mol/L NH₄Cl 溶液 50mL，在 20～25℃振荡 30min，离心（约 3 500 r/min，8min），弃去上层清液（必要时也可以测定）。再在 NH₄Cl 浸提过的土样中加入 0.5mol/L NH₄F（pH 8.2）溶液 50mL，在 20～25℃下振荡 1 h，取出，离心（约 3 500r/min，8min），将上层清液倾入小塑料瓶中。吸取上述浸出液 20mL 于 50mL 容量瓶中，加入 0.8mol/L H₃BO₃ 溶液 20mL，再加 2,6-二硝基酚指示剂 2 滴，用 100g/L 碳酸钠溶液或 50mL/L 硫酸溶液调节 pH 至待测液呈微黄色，准确加入钼锑抗显色剂 5mL，摇匀，用蒸馏水定容，于 15℃以上温度放置 30min 后，在波长 700nm 处，测定其吸光度，同时做空白试验。

标准曲线：分别准确吸取 5mg/L 磷标准溶液 0mL、2mL、4mL、6mL、8mL 和 10mL 于 50mL 容量瓶中，同时加入与显色测定所用样品溶液等体积的空白溶液，以及二硝基酚指示剂 2～3 滴，并用 100g/L 碳酸钠溶液或 5％硫酸溶液调节溶液至刚呈微黄色，准确加入钼锑抗显色剂 5mL，摇匀，加蒸馏水定容，即得磷（P）含量分别为 0.0mg/L、0.2mg/L、0.4mg/L、0.6mg/L、0.8mg/L 和 1.0mg/L 的标准溶液系列。摇匀，于 15℃以上温度放置 30min 后，在波长 700nm 处，测定其吸光度，以吸光度为纵坐标，磷浓度（mg/L）为横坐标，绘制标准曲线。由于加入 H₃BO₃ 溶液可以完全消除浸出液中 F⁻ 的干扰，因此在磷标准系列溶液中不必另加 NH₄F 和 H₃BO₃ 溶液。

②Fe-P 的测定。浸提过 Al-P 的土样用饱和 NaCl 溶液洗两次（每次 25mL，离心后弃去），然后加入 0.1mol/L NaOH 溶液 50mL，在 20～25℃振荡 2h，静置 16h，再振荡 2h，离心（约 4 500 r/min，10min）。倾出上层清液于三角瓶中，并在浸出液中加浓 H₂SO₄（在结果计算时应考虑加入 H₂SO₄ 的体积）

1.5mL，摇匀后放置过夜，过滤，以除去凝絮的有机质。吸取适量滤液，用钼锑抗比色测定磷，同 Al－P 的测定。

③O－P 的测定。浸提过 Fe－P 的土样用饱和 NaCl 溶液洗两次（每次 25mL，离心后弃去），然后加 0.3mol/L 柠檬酸钠溶液 40mL，充分搅拌，再加 1.0g 连二亚硫酸钠，放入 80～90℃水浴中，待离心管内溶液温度和水浴温度平衡后，用电动搅拌机搅拌 15min，再加入 0.5mol/L NaOH 溶液 10mL（连续搅拌 10min），冷却后离心（约 4 500 r/min，10min），将上层清液倾入 100mL 容量瓶中。土样用饱和 NaCl 溶液洗 2 次（每次 20mL），离心后上层清液一并倒入容量瓶中，用蒸馏水定容。吸取上述浸出液 10mL 于 50mL 三角瓶中，加入三酸混合液 10mL，瓶口放一小漏斗，在电炉上消煮，逐步升高温度，待 HNO_3 和 $HClO_4$ 全部分解，有 H_2SO_4 回流时即可取下。冷却后成白色固体，加入 50mL 水，煮沸，使全部溶解后，用 0.1mol/L 1/2 H_2SO_4 溶液洗入 100mL 容量瓶中，定容。吸取 30mL 溶液于 50mL 容量瓶中，用钼锑抗比色法测定磷，同 Al－P 的测定，同时做空白试验。

④Ca－P 的测定。浸提过 O－P 的土样加入 0.5mol/L 1/2 H_2SO_4 溶液 50mL，在 20～25℃振荡 1h，离心，倾出上层清液于三角瓶中。吸取适量浸出液于 50mL 容量瓶中，用钼锑抗比色法测定磷，同 Al－P 的测定。

(5) 结果计算。

$$无机磷组分含量（mg/kg） = \frac{C \times V \times f}{m} \qquad (4-25)$$

式中：C——由标准曲线上查知无机磷组分的质量浓度（mg/L）；

　　　V——显色液的体积（mL）；

　　　f——分取倍数；

　　　m——烘干土样质量（g）。

5 土壤酶活性分析

土壤酶是参与土壤新陈代谢的重要物质，包括游离的酶，如生活细胞产生的外酶，细胞裂解后释放出来的内酶，也有束缚在细胞上的酶。在碳、氮、硫、磷等元素的物质循环中都有土壤酶的作用，特别在有机残体的分解和某些无机化合物转化的开始阶段，以及在不利于微生物繁殖的条件下，土壤酶有很重要的作用。由于在土壤中难以将生活细胞的酶活性同不依赖生活细胞的土壤酶活性完全区别开来，因此在研究土壤酶上有不少困难。一般的方法是加入抑菌剂或经 X 射线照射土壤，再加入一定量基质，于一定条件下培养，测定单位时间内反应产物生成量或所加基质减少量，然后以此测定结果来表示土壤酶活性。土壤酶活性可以作为土壤肥力、土壤质量及土壤健康的重要指标。土壤中的酶类型很多，不同的酶有不同的测定方法，以下介绍常用的土壤酶活性测定方法。

5.1 土壤脱氢酶活性的测定

5.1.1 方法原理

以 2,3,5-苯基四氮唑氯化物为基质（氢的受体），由于土壤中脱氢酶的作用使之形成红色的三苯基甲朣（triphenylformazance，TPF），脱氢酶活性与 TPF 在一定范围内呈线性关系，因此，用比色法测定其形成量作为土壤脱氢酶的活性指标。

5.1.2 仪器设备

1/100 天平、分光光度计、恒温箱。

5.1.3 试剂配制

（1）0.5mol/L Tris-HCl 缓冲液（pH 7.6）：称取 6.037g 三羟甲基氨基甲烷（Tris，分析纯），再加 1mol/L 盐酸（HCl，分析纯）溶液，用蒸馏水定容至1L，调节 pH 为 7.6。

（2）1% TTC 溶液：称取 1.0g 红四氮唑（TTC，分析纯），溶于 0.5mol/L 三羟甲基氨基甲烷-盐酸缓冲液中，用蒸馏水定容至 100mL。

（3）1mg/mL TTC 溶液：称取 0.5g TTC，加蒸馏水溶解，定容至 500mL。

5.1.4　操作步骤

（1）TTC 标准曲线的配制。 配制系列浓度的 TTC 标准溶液：分别吸取 0.5mL、1.0mL、1.5mL、2mL、2.5mL、3mL 1mg/mL TTC 溶液至 50mL 容量瓶中，用蒸馏水定容。

标准曲线：分别吸取 2mL Tris－HCl 缓冲液（pH 7.6）、2mL 蒸馏水和 2mL 系列浓度的 TTC 标准溶液（空白对照用蒸馏水代替 TTC 溶液）至具塞试管中。然后分别加入 0.1g 连二亚硫酸钠（保险粉），振荡摇匀。待充分显色后，加入 5mL 甲苯，振荡萃取微红色的 TPF，用分光光度计（波长 485nm）测定上清液吸光度。

（2）土样测定。 称取 5.0g 新鲜土样，放入带塞三角瓶中，加入 2mL 的 1% TTC 溶液和 2mL 的蒸馏水，充分混匀。置于 37℃恒温箱中避光培养 6 h。培养结束后，加入甲醇 5mL，剧烈振荡 1min，然静置 5min，再振荡 20s，然后静置 5min。将带塞三角瓶中的溶液全部过滤到比色管中，并用少量的甲醇洗涤三角瓶 2~3 次，洗涤液也全部过滤到比色管中，最后定容至 25mL。以甲醇作为空白对照，用分光光度计（波长 485nm）测定吸光度。

5.1.5　结果计算

以 1g 干土生成的 TPF 体积（以 μL 计）作为土壤脱氢酶的一个活性单位，其计算公式如下：

$$土壤脱氢酶活性（μL）= \frac{A \times V \times 150.35}{m} \qquad (5-1)$$

式中：A——由标准曲线上查知 TPF 的质量（mg）；

　　　　V——滤液体积（mL）；

　　150.35——将 TPF 量换算为氢体积的系数；

　　　　m——烘干土样质量（g）。

5.2　土壤淀粉酶活性的测定

5.2.1　方法原理

以淀粉为基质，在土壤淀粉酶作用下，淀粉水解生成麦芽糖，麦芽糖继续在麦芽糖酶的作用下部分水解成葡萄糖。由于还原糖（麦芽糖和葡萄糖）能将 3,5-二硝基水杨酸还原生成棕红色的 3-氨基-5-硝基水杨酸，在一定范围内其颜色的深浅与生成还原糖的量成正比，因此，制作标准曲线，用比色法测定淀粉水解生成的还原糖的量，以单位质量样品在一定时间内生成的还原糖的量表示酶活性。

5.2.2 仪器设备

1/100 天平、恒温箱。

5.2.3 试剂配制

（1）甲苯（C_7H_8，分析纯）。

（2）2%淀粉溶液：称取 2.0g 可溶性淀粉（化学纯或分析纯）于烧杯中，加入少量蒸馏水搅拌均匀，随后用玻璃棒一边搅拌一边注入约 60mL 的热蒸馏水，再将烧杯内溶液煮沸 2～3min 后静置冷却，再加蒸馏水至 100mL。淀粉含糖较高，容易长霉，应现用现配。

（3）0.1mol/L CH_3COOH 溶液：吸取 5.97mL 冰乙酸（冰醋酸，CH_3COOH，化学纯或分析纯），溶于蒸馏水中，定容至 1L。

（4）0.1mol/L Na_2HPO_4 溶液：称取 14.2g 磷酸氢二钠（Na_2HPO_4，分析纯），溶于蒸馏水中，定容至 1L。

（5）乙酸磷酸盐缓冲液（pH5.5）：将 0.1mol/L CH_3COOH 溶液和 0.1mol/L Na_2HPO_4 溶液按 1:1 的比例混合。

（6）3,5-二硝基水杨酸溶液：称取 0.5g 二硝基水杨酸，溶于 20mL 2mol/L 氢氧化钠和 50mL 水中，再加入 30g 酒石酸钾钠，用蒸馏水稀释至 100mL，此溶液使用有效期不宜超过 1 周。

（7）标准葡萄糖溶液：将葡萄糖先在 50～58℃ 条件下，真空干燥至恒质量。然后取 500mg 溶于 100mL 蒸馏水中，即成葡萄糖标准溶液（5mg/mL）。再将此液稀释 10 倍制成葡萄糖工作液（0.5mg/mL）。

5.2.4 操作步骤

（1）称取 5g 通过 18 目筛（筛孔直径 1mm）的土样，放入 50mL 三角瓶中，加入 10mL 乙酸-磷酸盐缓冲液，加入 0.5mL 甲苯，摇匀放置 15min。再加入 10mL 2%淀粉，摇匀，放入恒温箱中，在 37℃ 培养 1d，另设无基质和无土对照。

（2）培养结束后，用致密滤纸过滤至 50mL 容量瓶中，并用蒸馏水定容。

（3）吸取滤液 1mL（按实际情况调整），加 3mL 3,5-二硝基水杨酸溶液，并在沸腾的水浴锅中加热 5min，随即培养结束，加入 35mL 水，迅速过滤至 50mL 容量瓶中，并用水定容。15min 后在分光光度计上于波长 508m 处比色，每一土壤需做无基质的对照和无土壤的对照。

（4）绘制标准曲线，取 0mL、1mL、2mL、3mL、4mL、5mL、6mL 和 7mL 葡萄糖工作液，分别注入 50mL 容量瓶中，并按与测定淀粉酶活性同样的方法进行显色，比色后以吸光度为纵坐标，葡萄糖浓度为横坐标，绘制标准曲线。

5.2.5 结果计算

淀粉酶活性以 1g 土壤培养 1d 后葡萄糖的质量（mg）表示。计算公式如下：

$$淀粉酶活性 [mg/(g·d)] = \frac{A \times V \times f}{m \times t} \qquad (5-2)$$

式中：A——由标准曲线中查得葡萄糖浓度（mg/mL）；

　　　V——显色液体积（mL）；

　　　f——分取倍数；

　　　t——培养时间（d）；

　　　m——土壤质量（g）。

5.3 土壤蔗糖酶活性的测定

5.3.1 方法原理

蔗糖酶是一种可以把土壤中蔗糖分子分解成能够被植物和土壤微生物吸收利用的葡萄糖和果糖的水解酶，其活性反映了土壤有机碳累积与分解转化的规律。蔗糖酶的活性可以根据水解生成物与 3,5-二硝基水杨酸或磷酸酮生成有色化合物含量来确定。该方法以蔗糖为基质，根据葡萄糖与 3,5-二硝基水杨酸反应生成黄色产物，来确定土壤蔗糖酶活性。

5.3.2 仪器设备

1/100 天平、恒温箱、水浴锅、分光光度计。

5.3.3 试剂配制

（1）甲苯（C_7H_8，分析纯）。

（2）3,5-二硝基水杨酸溶液：称取 0.5g 二硝基水杨酸（$C_7H_4N_2O_7$，分析纯），溶于 20mL 2mol/L 氢氧化钠，再加 50mL 蒸馏水和 30g 酒石酸钾钠（$KNaC_4H_4O_6 \cdot 4H_2O$，分析纯），用蒸馏水定容至 100mL。

（3）磷酸缓冲液（pH 5.5）：称取 11.867g 磷酸氢二钠（$Na_2HPO_4 \cdot 2H_2O$，分析纯），溶于蒸馏水中，定容至 1L，该溶液为 1/15mol/L 磷酸氢二钠溶液；另称取 9.078g 磷酸二氢钾（KH_2PO_4，分析纯），溶于蒸馏水中，用蒸馏水定容至 1L，该溶液为 1/15mol/L 磷酸二氢钾溶液；分别吸取 0.5mL 1/15mol/L 磷酸氢二钠溶液和 9.5mL 1/15mol/L 磷酸二氢钾溶液，混合，摇匀，该溶液为磷酸缓冲液（pH5.5）。

（4）8% 蔗糖溶液：称取 8g 蔗糖（$C_{12}H_{22}O_{11}$，分析纯），溶于 100mL 的蒸馏水中。

（5）2mol/L NaOH 溶液：称取 8g 氢氧化钠（NaOH，化学纯或分析纯），溶于 100mL 的蒸馏水中。

（6）标准葡萄糖溶液：先将葡萄糖（$C_6H_{12}O_6$，分析纯）在 50～58℃条件下真空干燥至恒质量。然后称取 500mg 溶于 100mL 蒸馏水中，即成葡萄糖标准溶液（5mg/mL）。再将此溶液稀释 10 倍制成葡萄糖工作液（0.5mg/mL）。

5.3.4　操作步骤

（1）称取 5g 通过 18 目筛（筛孔直径 1mm）的风干土样，放入 50mL 三角瓶中，加入 5 滴甲苯，15min 后加入 15mL 8% 蔗糖溶液和 5mL pH5.5 磷酸缓冲液，摇匀混合物后，放入恒温箱中，于 37℃下培养 1d。

（2）取出后迅速过滤，吸取 1mL 滤液到 50mL 容量瓶中，加 3mL 3,5-二硝基水杨酸，并在沸腾的水浴锅中加热 5min，随即将容量瓶移至自来水下冷却 3min。溶液因生成 3-氨基-5-硝基水杨酸而呈橙黄色，最后用蒸馏水定容至 50mL，并在分光光度计上于波长 508nm 下比色。

（3）分别吸取 0mL、1mL、2mL、3mL、4mL、5mL、6mL 和 7mL 葡萄糖工作液到 50mL 容量瓶中，并按土样同样的步骤进行显色，比色后以吸光度为纵坐标，葡萄糖浓度为横坐标，绘制标准曲线。

5.3.5　结果计算

以 1g 土壤培养 1d 后葡萄糖的质量（mg）表示土壤蔗糖酶活性（Suc）：

$$\text{Suc}\,[\text{mg/}(\text{g}\cdot\text{d})] = \frac{C\times V\times f}{m\times t} \qquad (5-3)$$

式中：Suc——土壤蔗糖酶活性（mg/g）；

C——由标准曲线中查知葡萄糖浓度（mg/mL）；

V——显色液体积（50mL）；

f——分取倍数；

m——烘干土样质量（g）；

t——培养时间（d）。

5.4　土壤多酚氧化酶活性的测定

在土壤中的芳香族有机化合物转化为腐殖质组分的过程中，氧化酶特别是多酚氧化酶（polyphenoloxidase）起着重要作用。研究表明，多酚氧化酶的活性与土壤腐殖化程度呈负相关。因此，测定土壤多酚氧化酶的活性，能在一定程度上了解土壤的腐殖化进程。多酚氧化酶能酶促一元酚、二元酚及三元酚的氧化，氧化的最终产物是醌。

5.4.1　方法原理

土壤中基质邻苯三酚，经多酚氧化酶的酶促作用生成红紫桔精（iurpurogal-lin），用乙醚萃取，萃取液经紫外光谱比色，测得红紫桔精的量，即可知多酚氧化酶的活性。其反应式如下：

$$2C_6H_4(OH)_2 + O_2 \longrightarrow 2C_6H_4O_2 + 2H_2O$$

5.4.2　仪器设备

1/100 天平、恒温箱、分液漏斗、紫外分光光度计。

5.4.3　试剂配制

(1) 酶促反应试剂。 1‰ 1,2,3-邻苯三酚溶液：称取 1g 邻苯三酚（$C_6H_6O_3$，分析纯），溶于蒸馏水中，定容至 100mL。邻苯三酚易氧化，为白色有光泽的结晶体，无味，在有光的空气中变成淡灰色，溶液易氧化为淡黄色，应现配现用。

(2) 测定试剂。

①乙醚（$C_4H_{10}O$，分析纯）。

②柠檬酸-磷酸缓冲液（pH 4.5）：称取 35.61g 磷酸氢二钠（$Na_2HPO_4 \cdot 2H_2O$，分析纯），溶于蒸馏水中，定容至 1L，再称取 21.01g 柠檬酸（$C_6H_8O_7$，分析纯），溶于蒸馏水中，定容至 1L。吸取 9mL 磷酸氢二钠溶液和 11mL 柠檬酸溶液混合为 pH 4.5 的柠檬酸-磷酸缓冲液。

③0.5mol/L 盐酸溶液。量取 43mL 盐酸（HCl，分析纯），用蒸馏水定容

至 1L。

④重铬酸钾标准溶液：称取 0.75g 重铬酸钾（$K_2Cr_2O_7$，分析纯），溶于 1L 0.5mol/L HCl 中（相当于 50mL 乙醚中含 5mg 红紫桔精）。

5.4.4 操作步骤

（1）称取 1g 通过 18 目筛（筛孔直径 1mm）的风干土样，放入带磨口瓶塞的 50mL 容量瓶中，加入基质（1％邻苯三酚溶液）10mL，摇匀。

（2）将带磨口瓶塞的 50mL 容量瓶放入恒温箱中，于 30℃下培养 2h，2h 后往容量瓶中加入 4mL 柠檬酸-磷酸缓冲液，并用乙醚定容至 50mL。

（3）用力振荡容量瓶，使邻苯三酚溶液经酶促作用生成的红紫桔精从培养液的水相被萃取到乙醚相中。

（4）用分液漏斗将以上容量瓶中的溶液分开，取含溶解红紫桔精的着色乙醚于 1cm 石英皿中，在紫外分光光度计上于波长 430nm 下进行比色。

（5）另设不加邻苯三酚溶液的土壤作为对照，与以上操作步骤相同。

（6）根据用重铬酸钾得出的标准曲线，查得红紫桔精的含量。

5.4.5 结果计算

土壤多酚氧化酶活性，以 1g 土壤中的红紫桔精质量（mg）表示。

$$土壤多酚氧化酶活性（mg/g）=\frac{C\times V}{m} \quad\quad (5-4)$$

式中：C——由标准曲线中查知滤液中红紫桔精的量（mg/mL）；

V——滤液体积（mL）；

m——烘干土样质量（g）。

5.5 土壤脲酶活性的测定

脲酶（urease）广泛存在于土壤中，是一种专性较强的酶，能酶促尿素水解释放出氨和二氧化碳。大多数细菌、真菌和高等植物均具有脲酶，它是一种酰胺酶（amidase），能酶促有机质分子中肽键的水解。土壤脲酶活性与土壤微生物数量、有机质含量、全氮和速效氮含量呈正相关。常用土壤的脲酶活性表征土壤的氮素状况。

5.5.1 方法原理

土壤中脲酶活性的测定是以尿素为基质，根据酶促产物氨与苯酚-次氯酸钠作用生成蓝色靛酚，颜色深浅与氨的含量相关，通过测定氨含量来表示脲酶的活性。

5.5.2　仪器设备

1/100 天平、恒温箱、分光光度计。

5.5.3　试剂配制

（1）甲苯（C_7H_8，分析纯）。

（2）10%尿素：称取 100g 尿素（CH_4N_2O，分析纯），溶于蒸馏水中，并定容至 1L。

（3）柠檬酸盐缓冲液（pH 6.7）：分别称取 184g 柠檬酸（$C_6H_8O_7$，分析纯）和 147.5g 氢氧化钾（KOH，分析纯），溶于蒸馏水中，混合两种溶液，用 1mol/L NaOH 将 pH 调至 6.7，用蒸馏水定容至 1L。

（4）1.35mol/L 苯酚钠溶液。

①称取 62.58g 苯酚（C_6H_5OH，分析纯），溶于少量乙醇（C_2H_6O，分析纯）中，加 2mL 甲醇（CH_3OH，分析纯）和 18.5mL 丙酮（CH_3COCH_3，分析纯），然后用乙醇定容至 100mL，将该溶液储存于冰箱中。

②称取 27g 氢氧化钠（NaOH，分析纯），溶于 100mL 蒸馏水中。

使用前吸取溶液①与②各 20mL，混合，用蒸馏水定容至 100mL。

（5）次氯酸钠溶液：吸取活性氯浓度≥5.5%的次氯酸钠（NaClO，分析纯）溶液，用蒸馏水定容至活性氯的浓度为 0.9%。

（6）氮的标准溶液（0.1mg/mL）：精确称取 0.471 7g 硫酸铵［$(NH_4)_2SO_4$，分析纯］，溶于蒸馏水中，定容至 1L，得到 1mL 含有 0.1mg 氮的标准液。使用时将其稀释 10 倍，即为氮工作液（0.01mg/mL）。

5.5.4　操作步骤

（1）称取 5g 通过 18 目筛（筛孔直径 1mm）的风干土样，放入 50mL 三角瓶中，加入 1mL 甲苯。15min 后加入 10mL 10%尿素溶液和 20mL pH6.7 柠檬酸盐缓冲液，摇匀，放入恒温箱中，于 37℃下培养 1d。

（2）1d 后过滤，吸取 3mL 滤液到 50mL 容量瓶中，加蒸馏水至 20mL。再分别加入 4mL 苯酚钠溶液和 3mL 次氯酸钠溶液，随加随摇匀，20min 后显色，用蒸馏水定容。1h 内在分光光度计上于波长 578nm 下比色。

（3）无基质对照：每一个样品应该做一个无基质对照，以等体积的蒸馏水代替基质，其他操作与样品相同，以排除土样中原有的氨对实验结果的影响。

5.5.5 结果计算

土壤脲酶活性以 1g 土壤培养 1d 后 $NH_3 - N$ 的质量（以 mg 计）表示。

$$土壤脲酶活性 \left[mg/(g \cdot d) \right] = \frac{(A_{样品} - A_{无基质}) \times V \times f}{m \times t} \quad (5-5)$$

式中：$A_{样品}$——由标准曲线中查知样品的 $NH_3 - N$ 浓度（mg/mL）；

$A_{无基质}$——由标准曲线中查知无基质对照 $NH_3 - N$ 浓度（mg/mL）；

V——显色液体积（mL）；

f——分取倍数，等于浸出液体积/吸取滤液体积；

m——烘干土样质量（g）；

t——培养时间（d）。

5.6 土壤硝酸还原酶活性的测定

土壤氮素转化中，在硝酸还原酶和亚硝酸还原酶及羟氨还原酶的作用下，土壤中硝态氮可还原为氨。测定土壤中硝酸还原酶类的活性大小可以了解土壤氮素转化的作用强度。

5.6.1 方法原理

此法基于在厌氧条件下，通过与酚二磺酸的蓝色反应，求出反应前后硝态氮量差值，用于表示硝酸还原酶活性。其反应式为：

$$NO_3^- \longrightarrow NO_2^- \longrightarrow NH_2OH \longrightarrow NH_4^+$$

5.6.2 仪器设备

1/100 天平、减压三角瓶、真空泵、恒温箱、水浴锅、分光光度计。

5.6.3 试剂配制

(1) 酶促反应试剂。

①碳酸钙（$CaCO_3$，分析纯）。

②1% 葡萄糖：称取 10g 葡萄糖（$C_6H_{12}O_6$，分析纯），溶于蒸馏水中，并定容至 1L。

③1% KNO_3 溶液：称取 10g 硝酸钾（KNO_3，分析纯），溶于蒸馏水中，并定容至 1L。

(2) 测定试剂。

①铝钾矾饱和溶液：称取 5.9g 铝钾矾 [KAl(SO$_4$)$_2$ · 12H$_2$O，分析纯]，溶于 100mL 蒸馏水中。

②酚二磺酸：称取 3g 重蒸酚（C$_6$H$_6$O，分析纯），与 20.1mL 浓硫酸（H$_2$SO$_4$，化学纯或分析纯）混合，并在沸水浴上回流加热 6h。

③10% NaOH 溶液：称取 100g 氢氧化钠（NaOH，分析纯），溶于 800mL 蒸馏水中，冷却后定容至 1L。

④KNO$_3$ 标准溶液：精确称取 16.305 2g 重结晶硝酸钾（KNO$_3$，分析纯），溶于蒸馏水中，并定容至 1L（1mL 含 10mg NO$_3^-$ – N）。使用前将标准溶液稀释至 1mL 含 0.1mg NO$_3^-$ – N。

5.6.4 操作步骤

（1）称取 1g 通过 18 目筛（筛孔直径 1mm）的风干土样，放入 100mL 减压三角瓶中，加入 20mg 碳酸钙和 1mL 1% KNO$_3$ 溶液，摇匀后再加入 1mL 葡萄糖溶液。将此混合液连接于真空泵抽气 3min，稍摇动三角瓶，置于恒温箱中，在 30℃下培养 1d。与此同时用灭菌土壤（180℃加热 3h）作对照。

（2）培养结束后，分别加入 50mL 蒸馏水，1mL 饱和铝钾矾溶液，摇匀，过滤，吸取 20mL 滤液于瓷蒸发皿中，在水浴上蒸干，残渣溶于 1mL 酚二磺酸中，然后加入 15mL 蒸馏水，用 10% NaOH 溶液调节 pH 至碱性，最后用蒸馏水定容至 50mL，在波长 400～500nm 处进行比色，根据标准曲线求出液体中 NO$_3^-$ – N 量，并根据反应前后 NO$_3^-$ – N 量之差，计算硝酸还原酶活性。

5.6.5 结果计算

以 1g 土壤培养 1d 后还原 NO$_3^-$ – N 的质量（以 mg 计）表示土壤硝酸还原酶的活性。其计算公式如下：

$$硝酸还原酶活性 [mg/(g \cdot d)] = \frac{(m_0 - m_1)}{m \times t} \qquad (5-6)$$

式中：m_0——反应前土壤 NO$_3^-$ – N 的质量（mg）；

$\quad\quad m_1$——反应后土壤 NO$_3^-$ – N 的质量（mg）；

$\quad\quad m$——烘干土样质量（g）；

$\quad\quad t$——培养时间（d）。

5.7　土壤亚硝酸还原酶活性的测定

5.7.1　方法原理

此法基于通过 $NO_2^- - N$ 与格里试剂反应所产生颜色的深度，测定酶促反应前后 $NO_2^- - N$ 量的变化，用于表征亚硝酸还原酶的活性。

5.7.2　仪器设备

1/100 天平、减压三角瓶、真空泵、恒温箱、分光光度计。

5.7.3　试剂配制

(1) 酶促反应试剂。

①碳酸钙（$CaCO_3$，分析纯）。

②0.5% $NaNO_2$ 溶液：称取 5g 硝酸钠（$NaNO_2$，分析纯），溶于蒸馏水中，并定容至 1L。

③1%葡萄糖：称取 1g 葡萄糖（$C_6H_{12}O_6$，分析纯），溶于蒸馏水中，并定容至 100mL。

(2) 测定试剂。

①铝钾矾饱和溶液：称取 5.9g 铝钾矾 ［KAl（SO_4）$_2$ · $12H_2O$，分析纯］，溶于 100mL 蒸馏水中。

②格里试剂：称取 0.1g α-萘胺（$C_{10}H_9N$，分析纯），溶于乙酸（乙酸相对密度 1.04），并用乙酸定容至 100mL，即该溶液为 0.1% α-萘胺溶液；另称取 0.5g 对氨基苯磺酸（$C_6H_7NO_3S$，分析纯），溶于乙酸（乙酸相对密度 1.04），并用乙酸定容至 100mL，即该溶液为 0.5%对氨基苯磺酸溶液。用时将两种溶液等体积混合。

③KNO_2 标准溶液：精确称取 8.510 4g 亚硝酸钾（KNO_2，分析纯），溶于蒸馏水中，并定容至 1L。使用前稀释至 1mL 含 1mg $NO_2^- - N$ 的标准溶液。

5.7.4　操作步骤

(1) 称取 1g 通过 18 目筛（筛孔直径 1mm）的风干土样，置于 100mL 减压三角瓶中，加入 20mg 碳酸钙和 1mL 0.5% $NaNO_2$，摇匀后加入 1mL 1%葡萄糖溶液，将此混合液连接于真空泵抽气 3min，稍摇动三角瓶，置于恒温箱中，在 30℃下培养 1d。与此同时用灭菌土壤（180℃加热 3h）作对照。

(2) 培养结束后，取 1mL 滤液至 50mL 容量瓶中，加入 5mL 蒸馏水和 4mL 格里试剂，混匀，显色后定容至 50mL，在分光光度计上于波长 550～600nm 处进行比色，根据标准曲线求出液体中 $NO_2^- - N$ 的量。根据反应前后 $NO_2^- - N$ 量之差，计算亚硝酸还原酶活性。

5.7.5 结果计算

以 1g 土壤培养 1d 后还原 $NO_2^- - N$ 的质量（以 mg 计）表示土壤亚硝酸还原酶的活性，其计算公式如下：

$$亚硝酸还原酶活性 [mg/(g \cdot d)] = \frac{(m_0 - m_1)}{m \times t} \qquad (5-7)$$

式中：m_0——反应前土壤 $NO_2^- - N$ 的质量（mg）；

m_1——反应后土壤 $NO_2^- - N$ 的质量（mg）；

m——烘干土样质量（g）；

t——培养时间（d）。

5.8 土壤羟胺还原酶活性的测定

5.8.1 方法原理

羟胺还原酶可将土壤氮代谢过程中形成的中间产物羟胺还原成氨。通过羟胺与乙酸酐、氯化铁的生化反应，计算羟胺与土壤作用后剩余的未被还原的量，用于表示羟胺还原酶活性。

5.8.2 仪器设备

1/100 天平、减压三角瓶、真空泵、恒温箱、分光光度计。

5.8.3 试剂配制

(1) 碳酸钙（$CaCO_3$，分析纯）。

(2) 乙酸酐 [$(CH_3CO)_2O$，分析纯]。

(3) 0.5%盐酸羟胺溶液：称取 0.5g 盐酸羟胺（$NH_2OH \cdot HCl$，分析纯），溶于蒸馏水中，用蒸馏水定容至 100mL。

(4) 1%葡萄糖溶液：称取 1g 葡萄糖（$C_6H_{12}O_6$，分析纯），溶于蒸馏水中，用蒸馏水定容至 100mL。

(5) 铝钾矾饱和溶液：称取 5.9g 以上铝钾矾 [$KAl(SO_4)_2 \cdot 12H_2O$，分析

93

纯]，溶于蒸馏水中，用蒸馏水定容至 100mL。

（6）1mol/L FeCl$_3$ 溶液：称取 162.5g 氯化铁（FeCl$_3$，分析纯），溶于蒸馏水中，用蒸馏水定容至 1L。

（7）盐酸羟胺标准溶液：称取 2.104 6g 盐酸羟胺，溶于蒸馏水中，用蒸馏水定容至 1L（$C=1g/L$）。

（8）标准曲线：分别吸取盐酸羟胺标准溶液 1mL、2mL、3mL、4mL、5mL、6mL 和 7mL，放入 50mL 容量瓶中，再分别加入 0.5mL 乙酸酐和 0.4mL 1mol/L FeCl$_3$ 溶液，摇匀后定容。在分光光度计上于波长 600nm 处比色。以吸光度为纵坐标，浓度为横坐标，绘制标准曲线。

5.8.4　操作步骤

（1）称取 1g 通过 18 目筛（筛孔直径 1mm）的风干土样，放入 100mL 减压三角瓶中，加入 20mg CaCO$_3$，混合后加 1mL 0.5％盐酸羟胺溶液和 1mL 1％葡萄糖溶液。将此混合液连接于真空泵抽气 3min，稍摇动三角瓶，放入恒温箱中，于 30℃下培养 1d。与此同时用灭菌土壤（180℃加热 3 h）作为对照。

（2）培养结束后，加入 50mL 蒸馏水和 1mL 饱和铝钾矾溶液，摇匀，过滤。吸取滤液 10mL 置于 50mL 容量瓶中，分别加入 0.5mL 乙酸酐和 0.4mL 1mol/L FeCl$_3$ 溶液，摇匀后定容。在分光光度计上于 600nm 处比色。

5.8.5　结果计算

以 1g 土壤培养 1d 后 NH$_2$OH 减少的质量（以 mg 计）表示土壤羟胺还原酶活性。

$$羟胺还原酶活性 \left[mg/ (g \cdot d) \right] = \frac{(m_0 - m_1)}{m} \qquad (5-8)$$

式中：m_0——反应前土壤 NH$_2$OH 的质量（mg）；

　　　m_1——反应后土壤 NH$_2$OH 的质量（mg）；

　　　m——烘干土样质量（g）；

　　　t——培养时间（d）。

5.9　土壤蛋白酶活性的测定

蛋白酶（protease）是土壤酶类中研究较多的一种水解酶类。在测定其活性时，常用精胶、酪素和某些肽类为基质。它的活性通常根据土壤中的蛋白质分解时释放出的氨基酸或其他的溶性产物的量，或根据基质物理特性的变化（如黏度减少）来量度。由于蛋白酶存在酸性、中性和碱性三大类，因此测定其酶活性时，所采用 pH 缓冲体系，一般在 pH 5.5～8.0 或 pH 10 中选择。

5.9.1 方法原理

土壤蛋白酶能水解蛋白质为肽，最终形成氨基酸。蛋白酶酶促蛋白产物-氨基酸与某些物质（如铜盐蓝色络合物或茚三酮等）生成带颜色络合物。产生的氨基酸也包括游离状态的酪氨酸。用比色法测定酪氨酸的量作为土壤蛋白酶的活性指标。

5.9.2 仪器设备

1/100 天平、恒温箱、恒温水浴锅、分光光度计。

5.9.3 试剂配制

（1）酶促反应试剂。

①甲苯（C_7H_8，分析纯）。

②0.2mol/L NaOH 溶液：称取 8g 氢氧化钠（NaOH，化学纯或分析纯），溶于约 800mL 蒸馏水中，冷却后用蒸馏水定容至 1L。

③pH8.0 三羟甲基氨基甲烷-盐酸缓冲液：称取 121g 三羟甲基氨基甲烷（$C_4H_{11}NO_3$，分析纯）于 1L 烧杯中，加入 600mL 超纯水溶解后，用浓盐酸（HCl，分析纯）调节 pH 至 8.0，加超纯水定容至 1L。

④1％酪素溶液：取精制的酪素 1g，用少量蒸馏水湿润后，加入 2mL 0.2mol/L NaOH 溶液，然后置于沸水浴中加热 15min，待其溶解后，用 pH8.0 三羟甲基氨基甲烷-盐酸缓冲液定容至 100mL，储存于冰箱中。

（2）测定试剂。

①蛋白质沉淀剂（15％三氯乙酸）：称取 15g 三氯乙酸（$C_2HCl_3O_2$，分析纯），溶于 100mL 蒸馏水中。

②0.4mol/L Na_2CO_3 溶液：称取 114.46g 碳酸钠（$Na_2CO_3 \cdot 10H_2O$，分析纯），溶于蒸馏水中，用蒸馏水定容至 1L。

③Folin 试剂：于 2 000mL 磨口回流装置内加入 100g 钨酸钠（$NaWO_4 \cdot 2H_2O$，分析纯）、25g 钼酸钠（$Na_2MoO_4 \cdot 2H_2O$，分析纯）、700mL 蒸馏水、50mL 85 ％磷酸（H_3PO_4，分析纯）和 100mL 浓盐酸（HCl，分析纯），轻微回流煮沸 10h。然后加入 150g 硫酸锂（$Li_2SO_4 \cdot H_2O$，分析纯）、50mL 蒸馏水和 5 滴溴水，摇匀，去除冷凝器后，再煮沸除约 15min，以除去多余的溴。冷却后若仍有绿色，需再加溴水，再煮沸除去过量的溴，冷却后用蒸馏水定容至 1L，

摇匀后过滤。试剂应呈金黄色。储存于棕色瓶中。

④1mg/mL 酪氨酸标准溶液：精确称取 50mg 经 105℃烘干 3 h 的酪氨酸（$C_9H_{11}NO_3$，分析纯），少量多次加入 0.1mol/L 盐酸使之溶解，定容至 50mL，贮存于冰箱中。

5.9.4　操作步骤

（1）称取 1g 通过 18 目筛（筛孔直径 1mm）的风干土样，放入带塞三角瓶中，加入 1mL pH8.0 三羟甲基氨基甲烷-盐酸缓冲液和 5mL 甲苯，盖紧瓶塞后放置 15min，再加入 2mL 1％酪素溶液，置于恒温箱中，在 37℃下培养 1d。

（2）培养结束后，加入 3mL 15％三氯乙酸溶液，离心 10min 除去沉淀。吸取 1mL 上清液到大试管中，加入 5mL 0.4mol/L Na_2CO_3 溶液和 1mL Folin 试剂，于 37℃恒温水浴中显色 10min 后，在分光光度计上于波长 680nm 处比色。由标准曲线查出其酪氨酸量，用于表示蛋白酶活性。设置不加基质为对照（用 2mL 缓冲液代替）。

（3）标准曲线。分别吸取酪氨酸标准溶液 0.1mL、0.2mL、0.3mL、0.4mL、0.5mL、0.6mL 和 0.7mL 到离心管中，用蒸馏水补足至 1mL，然后分别加入 2mL 酪素溶液，摇匀后加入 3mL 15％三氯乙酸溶液，离心 10min 除去沉淀。吸取 1mL 上清液到大试管中，加入 5mL 0.4mol/L Na_2CO_3 溶液和 1mL Folin 试剂，置于 37℃恒温水浴中显色 10min 后，在分光光度计上于波长 680nm 处比色。以吸光度为纵坐标，酪氨酸含量为横坐标，绘制标准曲线。

5.9.5　结果计算

以 1g 干土培养 1d 后酪氨酸的质量（mg）表示土壤蛋白酶活性，计算公式如下：

$$蛋白酶活性 \left[mg/ \left(g \cdot d \right) \right] = \frac{\left(m_{土样} - m_{无基质} \right)}{m \times t} \qquad (5-9)$$

式中：$m_{土样}$——从标准曲线中查知土样酪氨酸的质量（mg）；

$m_{无基质}$——从标准曲线中查知无基质酪氨酸的质量（mg）；

m——烘干土样质量（g）；

t——培养时间（d）。

5.10　土壤过氧化氢酶活性的测定

过氧化氢酶（catalase）能促进过氧化氢对各种化合物的氧化。几乎在所有的生物体内都有过氧化氢酶，在某些细菌里，其数量约为细胞干重的 1%。土壤过氧化氢酶活性与土壤呼吸强度和土壤微生物活动相关，在一定程度上反映了土壤微生物学过程的强度。

5.10.1 方法原理

过氧化氢酶的测定有测压法和滴定法。测压法是测定过氧化氢分解时析出的氧量来表示过氧化氢酶的活性，反应式为 $H_2O_2 + H_2O \Longrightarrow O_2 + H_2O$，此法简单，但准确性较差。滴定法是定量滴定酶促反应后剩余的过氧化氢量来表示酶活性，反应式为：

$$2KMnO_4 + 5H_2O_2 + 3H_2SO_4 \longrightarrow 2MnSO_4 + K_2SO_4 + 8H_2O + 5O_2$$

以滴定法测定结果较好。

5.10.2 仪器设备

1/100 天平、往返式摇床。

5.10.3 试剂配制

(1) 酶促反应试剂。 0.3% H_2O_2 溶液：将 30% 双氧水（H_2O_2，分析纯）与蒸馏水按 1：100 体积比例配制。

(2) 测定试剂。

①1.5mol/L H_2SO_4 溶液：量取 84mL 浓硫酸（H_2SO_4，分析纯），缓缓加入盛有约 800mL 蒸馏水的大烧杯中，不断搅拌，冷却后，用蒸馏水定容至 1L。

②0.002mol/L $KMnO_4$ 溶液：称取 0.316 1g 高锰酸钾（$KMnO_4$，分析纯），溶于无 CO_2 蒸馏水中，用无 CO_2 蒸馏水定容至 1L，储存于棕色瓶中。

5.10.4 操作步骤

称取 5g 通过 18 目筛（筛孔直径 1mm）的风干土样，放入 150mL 三角瓶中，加入 40mL 蒸馏水和 5mL 0.3% H_2O_2，同时设置不加土样为对照。将瓶塞塞紧，置于 120 r/min 往返式摇床上，振荡 30min 后，加入 5mL 1.5mol/L H_2SO_4 以终止反应，用精密滤纸过滤。取滤液 25mL，用 0.002mol/L $KMnO_4$ 溶液滴定至微红色。

5.10.5 结果计算

以 1g 干土消耗的 0.002mol/L $KMnO_4$ 溶液体积（以 mL 计）表示土壤过氧化氢酶活性，其计算公式如下：

$$\text{土壤过氧化氢酶活性（mL/g）} = \frac{V}{m} \qquad (5-10)$$

式中：V——0.002mol/L $KMnO_4$ 体积（mL）；

m——烘干土样质量（g）。

5.11　土壤过氧化物酶活性的测定

过氧化物酶（peroxidase）能氧化土壤有机物质。一些过氧化物是土壤微生物生命活动的结果，也与某些氧化酶（如尿酸盐氧化酶）的作用有关，所以过氧化物酶在腐殖质的形成过程中具有重要的作用。土壤过氧化物酶的测定方法主要有分光光度比色法和滴定法。以下介绍邻苯三酚比色法测定过氧化物酶活性。

5.11.1　方法原理

利用多酚氧化物（邻苯三酚、邻苯二酚等）作为氧的受体，在过氧化物酶的参与下，通过过氧化物中氧的作用，多酚被氧化为着色的醌类化合物。其反应式如下：

$$2C_6H_4(OH)_2 + O_2 \longrightarrow 2C_6H_4O_2 + 2H_2O$$

着色的醌类化合物通过比色法测定，用于表示过氧化物酶活性。

5.11.2　仪器设备

1/100 天平、恒温箱、分光光度计。

5.11.3　试剂配制

（1）酶促反应试剂。

①1% 1,2,3-邻苯三酚溶液：称取 1g 邻苯三酚（$C_6H_6O_3$，分析纯）溶于蒸馏水中，定容至 100mL。

②0.5% H_2O_2 溶液：将 30% 双氧水（H_2O_2，分析纯）与蒸馏水按 1∶60 体积比例配制。

（2）测定试剂。

①乙醚（$C_4H_{10}O$，分析纯）。

②0.5mol/L 盐酸：量取 43mL 盐酸（HCl，分析纯），加入蒸馏水，并定容至 1L。

③重铬酸钾标准溶液：称取 0.75g 重铬酸钾（$K_2Cr_2O_7$，分析纯），溶于 1L 0.5mol/L HCl 溶液中（相当于 50mL 乙醚中含 5mg 焦性没食子酸）。

5.11.4　操作步骤

（1）称取 1g 通过 18 目筛（筛孔直径 1mm）的土样，放入 50mL 三角瓶中，分别加入 10mL 1％邻苯三酚溶液和 2mL 0.5％过氧化氢溶液，摇匀，将瓶塞塞紧，置于恒温箱中，在 30℃下培养 1 h（活性低时可延长培养时间）。同时用 2mL 蒸馏水代替土样作为空白对照。

（2）培养结束后，取出三角瓶，加入 0.5mol/L 盐酸 2.5mL，摇匀，用乙醚将生成的焦性没食子酸抽出（如含量高时须抽提多次），合并抽提液并定容。最后在分光光度计上于波长 430nm 处，测定吸光度，在标准曲线上查出焦性没食子酸含量。

（3）标准曲线。吸取重铬酸钾标准溶液，用 0.5mol/L 盐酸稀释成标准系列浓度，然后在分光光度计上于波长 430nm 处测定吸光度，以吸光度为纵坐标，浓度为横坐标，绘制标准曲线。

5.11.5　结果计算

以 1g 土壤培养 1h 后生成的焦性没食子酸的质量（以 mg 计）表示土壤过氧化物酶活性，其计算公式如下：

$$土壤过氧化物酶活性 \left[mg/\left(g \cdot h\right)\right] = \frac{\left(m_{土样} - m_{空白}\right)}{m \times t} \qquad (5-11)$$

式中：$m_{土样}$——土壤样品 1h 后生成的焦性没食子酸的质量（mg）；

$\qquad$ $m_{空白}$——空白对照 1h 后生成的焦性没食子酸的质量（mg）；

$\qquad$ m——烘干土样质量（g）；

$\qquad$ t——培养时间（h）。

5.12　土壤磷酸酶活性的测定

5.12.1　方法原理

测定磷酸酶主要根据酶促生成的有机基团量或无机磷量计算磷酸酶活性。前一种方法通常称为有机基团含量法，是目前较为常用的测定磷酸酶的方法；后一种方法称为无机磷含量法。研究证明，磷酸酶有 3 种最适 pH 范围，分别是 pH4～5、pH6～7 和 pH8～10。因此，测定酸性、中性和碱性土壤的磷酸酶，要提供相应的 pH 缓冲液才能测出该土壤的磷酸酶最大活性。测定磷酸酶常用的 pH 缓冲体系有乙酸盐缓冲液（pH5.0～5.4）、柠檬酸盐缓冲液（pH7.0）、三羟甲基氨基甲烷缓冲液（pH7.0～8.5）和硼酸缓冲液（pH9～10）。磷酸酶测定时常用基质有磷酸苯二钠、酚酞磷酸钠、甘油磷酸钠、α-萘酚磷酸钠或β-萘酚磷酸钠等。现介绍磷酸苯二钠比色法。

5.12.2　仪器设备

1/100 天平、恒温箱、分光光度计。

5.12.3　试剂配制

（1）甲苯（C_7H_8，分析纯）。

（2）乙酸盐缓冲液（pH5.0）：吸取 11.55mL 95% 冰乙酸（冰醋酸，CH_3COOH，化学纯或分析纯）溶于蒸馏水中，定容至 1L，此溶液为 0.2mol/L 乙酸溶液；称取 16.4g 乙酸钠（$C_2H_3O_2Na$，分析纯）或 27g 三水乙酸钠（$C_2H_3O_2Na \cdot 3H_2O$，分析纯）溶于蒸馏水中，定容至 1L，此溶液为 0.2mol/L 乙酸钠溶液；分别吸取 14.8mL 0.2mol/L 乙酸溶液和 35.2mL 0.2mol/L 乙酸钠溶液，用蒸馏水定容至 1L。

（3）柠檬酸盐缓冲液（pH 7.0）：称取 19.2g 柠檬酸（$C_6H_7O_8$，分析纯），用蒸馏水溶解并定容至 1L，此溶液为 0.1mol/L 柠檬酸溶液；称取 53.63g 七水磷酸氢二钠（$Na_2HPO_4 \cdot 7H_2O$，分析纯）或 71.7g 十二水磷酸氢二钠（$Na_2HPO_4 \cdot 12H_2O$，分析纯），用蒸馏水溶解并定容 1L，此溶液为 0.2mol/L 磷酸氢二钠溶液；分别吸取 6.4mL 0.1mol/L 柠檬酸溶液和 43.6mL 0.2mol/L 磷酸氢二钠溶液，用蒸馏水定容至 100mL。

（4）硼酸盐缓冲液（pH9.6）：称取 19.05g 硼砂（$Na_2B_4O_7 \cdot 10H_2O$，分析纯），用蒸馏水溶解并定容至 1L，该溶液为 0.05mol/L 硼砂溶液；称取 8g 氢氧化钠（NaOH，分析纯），用蒸馏水溶解并定容至 1L，该溶液为 0.2mol/L NaOH 溶液；分别吸取 50mL 0.05mol/L 硼砂溶液和 23mL 0.2mol/L NaOH 溶液，用蒸馏水定容至 200mL。

（5）0.5%磷酸苯二钠：称取 0.5g 磷酸苯二钠（$C_6H_5Na_2O_4P$，分析纯）溶于相应的缓冲液（酸性磷酸酶用乙酸盐缓冲液，中性磷酸酶用柠檬酸盐缓冲液，碱性磷酸酶用硼酸盐缓冲液），用缓冲液定容至 100mL。

（6）氯代二溴对苯酮亚胺试剂：称取 0.125g 氯代二溴对苯醌亚胺（$C_6H_2Br_2ClNO$，分析纯），用 10mL 96% 乙醇（C_2H_6O，分析纯）溶解，储存于棕色瓶中，存放在冰箱中。保存的黄色溶液在未变褐色之前均可用。

（7）0.3%硫酸铝溶液：称取 3g 硫酸铝 [$Al_2(SO_4)_3$，分析纯]，溶于蒸馏水中，定容至 1L。

（8）酚标准溶液。

①酚原液：称取 1g 重蒸酚（C_6H_6O，分析纯），溶于蒸馏水中，定容至 1L，储存于棕色瓶中。

②0.01mg/mL 酚工作液：取 10mL 酚原液，用蒸馏水定容至 1L。

5.12.4 操作步骤

（1）称取 2～5g 通过 18 目筛（筛孔直径 1mm）的土样，放入 200mL 三角瓶中，加入 2.5mL 甲苯，轻摇 15min 后，加入 20mL 0.5%磷酸苯二钠（酸性磷酸酶用乙酸盐缓冲液；中性磷酸酶用柠檬酸盐缓冲液；碱性磷酸酶用硼酸盐缓冲液），经摇匀后放入恒温箱中，在 37℃下培养 1d。

（2）培养后，加入 100mL 0.3%硫酸铝溶液并过滤。吸取 3mL 滤液于 50mL 容量瓶中，加入 5mL 缓冲液（酸性磷酸酶用乙酸盐缓冲液，中性磷酸酶用柠檬酸盐缓冲液，碱性磷酸酶用硼酸盐缓冲液）和 4 滴氯代二溴对苯醌亚胺试剂，显色（用硼酸盐缓冲液时，呈现蓝色）后，用缓冲液定容至刻度，30min 后，在分光光度计上于波长 660nm 处比色。

（3）标准曲线：分别吸取 0mL、1mL、3mL、5mL、7mL、9mL、11mL 和 13mL 酚工作液，放入 50mL 容量瓶中，加入 5mL 缓冲液（酸性磷酸酶用乙酸盐缓冲液、中性磷酸酶用柠檬酸盐缓冲液，碱性磷酸酶用硼酸盐缓冲液）和 4 滴氯代二溴对苯醌亚胺试剂，显色后用缓冲液定容至刻度，30min 后，在分光光度计上于波长 660nm 处比色。以显色液中酚浓度（0mg/mL、0.000 2mg/mL、0.000 6mg/mL、0.001mg/mL、0.001 4mg/mL、0.001 8mg/mL、0.002 2mg/mL 和 0.002 6mg/mL）为横坐标，吸光度为纵坐标，绘制标准曲线。

5.12.5 结果计算

磷酸酶活性以 1g 土壤培养 1d 后释放出的酚的质量（mg）表示：

$$酚的质量（mg）＝a×8 \tag{5-12}$$

式中：a——从标准曲线上查得的质量（mg）；

　　　8——土样质量换算成 1g 土的系数。

以 1g 土壤培养 1d 后释放出的酚的质量（mg）表示磷酸酶活性，计算公式如下：

$$磷酸酶活性[mg/(g \cdot d)] = \frac{(a_{土样} - a_{无基质} - a_{无土}) \times V \times f}{m \times t}$$

$$\tag{5-13}$$

式中：$a_{土样}$——由标准曲线查知土样释放出的酚含量（mg/mL）；

$a_{无土}$——由标准曲线查知无土对照释放出的酚含量（mg/mL）；

$a_{无基质}$——由标准曲线查知无基质对照释放出的酚含量（mg/mL）；

V——显色液体积（mL）；

f——分取倍数，浸出液体积/吸取滤液体积；

m——烘干土样质量（g）；

t——培养时间（d）。

5.12.6　注意事项

（1）每一个样品应做一个无基质对照，以等体积的蒸馏水代替基质，其他操作与样品实验相同，以排除土样中原有的氨对实验结果的影响。

（2）整个实验设置一个无土对照，不加土样，其他操作与样品实验相同，以检验试剂纯度和基质自身分解。

（3）如果样品吸光度值超过标准曲线的最大值，则应该增加分取倍数或减少培养的土样。

5.13　微孔板比色法测定土壤酶活性

5.13.1　方法原理

20世纪90年代，国际上发展了酶活性测定的新方法——微孔板比色法，其主要原理是以荧光光团标记底物作为探针，通过荧光强度的变化来反映酶活性。传统的比色法测定一般首先是根据所测酶的种类制作对应的标准曲线，然后对土样进行处理后在同一波长下测其吸光度，再利用标准曲线确定土样的酶活性，比色法已得到普遍认可。微孔板比色法操作步骤与比色法基本一致，但与传统的比色法相比，微孔板比色法具有灵敏度高、耗时短等优点，同时它也存在分析成本较高、底物难溶解等缺点。下面以4种土壤水解酶（纤维二糖水解酶、α-葡萄糖苷酶、β-葡萄糖苷酶和β-木糖苷酶）和2种土壤氧化酶（多酚氧化酶和过氧化物酶活性）为例，介绍使用酶标仪测定土壤酶活性的方法。

5.13.2　仪器设备

（1）FD系列冷冻干燥机TF-FD-1（上海田枫实业有限公司，中国）。

（2）多样品组织研磨仪Tissuelyser-24L（上海净信实业发展有限公司，中国）。

（3）多管旋涡混合器DXW-2500（杭州齐威仪器有限公司，中国）。

（4）酶标仪 Infinite M200（TECAN 公司，瑞士）。

5.13.3　试剂配制

（1）50mmol/L 乙酸钠缓冲液：称取 6.804g 三水合乙酸钠（$C_2H_3O_2Na \cdot 3H_2O$，分析纯），溶于 1L 蒸馏水中，用氢氧化钠（NaOH，分析纯）或乙酸（CH_3COOH，化学纯或分析纯）调节 pH 至 6.35～6.55（pH 根据土壤实际环境调节），提前 1d 配制，于 4℃冰箱中保存，3d 内使用。

（2）10μmol/L 4-MUB 溶液：称取 17.6mg 4-甲基伞形酮（4-MUB，分析纯），溶于 10mL 的甲醇（CH_3OH，分析纯）中，即为 10mmol/L 4-MUB 溶液，然后用甲醇稀释 1 000 倍成 10μmol/L 4-MUB 溶液，于 4℃冰箱中保存，3d 内使用。

（3）0.3％ H_2O_2 溶液：吸取 1mL 30％双氧水（H_2O_2，分析纯）和 99mL 重蒸馏水（dd H_2O），混合均匀。

（4）200μmol/L 水解酶底物。

①纤维二糖水解酶：称取 2.502mg 4-甲基伞形酮酰-β-D-纤维二糖糖苷（MUB-β-D-cellobioside，EC 号：3.2.1.91），加入重蒸馏水于 25mL 容量瓶中，定容，M（相对分子质量）＝500.45。

②α-葡萄糖苷酶：称取 1.692mg 4-甲基伞形酮酰-α-D-吡喃葡萄糖苷（4-MUB-α-D-glucoside，EC 号：3.2.1.20），加入重蒸馏水于 25mL 容量瓶中，定容，M＝338.31。

③β-葡萄糖苷酶：称取 1.692mg 4-甲基伞形酮酰-β-D-吡喃葡萄糖苷（4-MUB-β-D-glucoside，EC 号：3.2.1.21），加入重蒸馏水于 25mL 容量瓶中，定容，M＝338.31。

④β-木糖苷酶：称取 1.541mg 4-甲基伞形酮酰-β-D-木吡喃糖苷（4-MUB-β-D-xyloside，EC 号：3.2.1.37），加入重蒸馏水于 25mL 容量瓶中，定容，M＝308.28。

（5）25mmol/L L-DOPA 溶液：称取 0.123g 3-羟基-L-酪氨酸（L-DOPA，分析纯），加入 90℃重蒸馏水于 25mL 容量瓶中，定容，M＝197.19。

5.13.4　操作步骤

（1）土样预处理。
①将鲜土放入离心管中，盖上微生物膜，于-40℃冰箱中保存 1d。
②1d 后，将离心管放入冷冻干燥机中抽真空 2～3d。
③将冻干土放到组织研磨仪中，研磨土样。

（2）操作步骤。

①称取 0.5g 冻干土至 5mL 的离心管中，加入 4.5mL 50mmol/L 的乙酸钠（醋酸钠）缓冲液，用多管旋涡混合器以 2 500r/min 转速涡旋 30min，即为土壤悬浮液（加样前需摇匀，避免悬浮液沉底，导致取样不均匀）。

②4 种水解酶用 4-甲基伞形酮（4-MUB）作为底物表示水解酶活性。按以下内容分别加到黑色酶标板中：

A. 猝灭对照（200μL 土壤悬浮液+50μL4-MUB）。

B. 样品对照（200μL 土壤悬浮液+50μL 缓冲液）。

C. 样品池（200μL 土壤悬浮液+50μL 酶底物溶液）。

D. 标准池（200μL 缓冲液+50μL4-MUB）。

E. 空白对照（200μL 缓冲液+50μL 缓冲液）。

F. 阴性对照（200μL 缓冲液+50μL 酶底物溶液）。

避光培养 1 h，用酶标仪在激发波长 365nm 下测定荧光值。

③多酚氧化酶（PHO）和过氧化物酶（PEO）用 3-羟基-L-酪氨酸（L-DOPA）作为底物表示氧化酶活性。按以下内容分别加到细菌培养板中：

A. 样品池（200μL 土壤悬浮液+50μL DOPA）。

B. 样品对照（200μL 土壤悬浮液+50μL 缓冲液）。

C. 阴性对照（200μL 缓冲液+50μL DOPA）。

D. 空白对照（200μL 缓冲液+50μL 缓冲液）。

每个孔中加入 10μL 0.3% H_2O_2 溶液。将细菌培养板置于 25℃黑暗条件下培养 20 h，转移上清液至细菌培养板，用酶标仪在激发波长 465nm 处测定吸光度。

5.13.5　结果计算

（1）水解酶活性。计算公式如下：

$$A_{bl} = \frac{N_f \times V}{E_c \times V_1 \times t \times m} \qquad (5-14)$$

式中：A_{bl}——土壤样品对应的水解酶活性 [nmol/（g·h）]；

$\quad$ N_f——校正后的样品荧光值；

$\quad$ V——土壤样品中悬浊液的总体积（4.5mL）；

$\quad$ E_c——荧光释放系数（荧光值/nmol）；

$\quad$ V_1——微孔板每孔中加入的样品悬浊液的体积（0.2mL）；

$\quad$ t——培养时间（1 h）；

$\quad$ m——换算后的风干土样质量（0.5g）。

$$N_f = \frac{(f - f_b) \times f_r}{f_q - f_b} - f_s \qquad (5-15)$$

式中：f——酶标仪读取的样品池微孔与样品对照微孔荧光值的差值；

　　　f_q——酶标仪读取的猝灭对照微孔与样品对照微孔荧光值的差值；

　　　f_r——标准池微孔荧光值；

　　　f_b——空白对照微孔荧光值；

　　　f_s——阴性对照微孔荧光值；

$$E_c = \frac{f_r}{c_s \times V_2} \qquad (5-16)$$

式中：E_c——荧光释放系数；

　　　V_2——加入参考标准物的体积（0.05mL）；

　　　c_s——参考标准微孔的浓度（10nmol/L）。

(2) 多酚氧化酶和过氧化物酶活性。 计算公式如下：

$$A_{b2} = \frac{(I - I_a - I_b) \times V}{7.9 \times V_1 \times t \times m} \qquad (5-17)$$

式中：A_{b2}——土壤样品对应的氧化酶活性 [nmol/（g·h）]；

　　　I——酶标仪读取的样品池微孔吸光度值；

　　　I_a——酶标仪读取的样品对照微孔吸光度值；

　　　I_b——酶标仪读取的空白对照微孔与阴性对照微孔吸光度值的差值；

　　　V——土壤样品悬浊液的总体积（4.5mL）；

　　　7.9——吸光度值转化为多酚氧化酶和过氧化物酶活性的系数（吸光度值/nmol）；

　　　V_1——微孔板每孔中加入的样品悬浊液的体积（0.2mL）；

　　　m——换算后的风干土样质量（0.5g）；

　　　t——培养时间（1d）。

6 植物样品的采集和制备

植物分析按其目的可分两类：一类是为了了解植物的营养状况的分析；另一类是品质鉴定分析。前者的样品多为植物组织样品，后者的样品多为籽粒样品和瓜果样品，它们的采集和制备方法各不相同。

6.1 植物组织样品的采集和制备

6.1.1 植株采样方法

植物体内各种物质的浓度在植株的各个器官（如根、茎、叶、花和果等）和部位（上部、中部和下部）以及同一器官或部位的不同生育期均有所不同。在植物群体中，植株间也存在差异。因此，植物组织样品的采集，首先必须根据采样分析目的来决定采集的植株器官、部位以及采集时期，然后根据植株间的变异性以及要求的精密度，按照"多点、随机"的原则采集代表性的样品。这是分析结果能否应用的关键之一。

作为营养诊断用的样品，选择取样植株器官和部位的原则是所选的植株器官和部位要具有最大的指示意义，也就是说要采取的植株器官和部位在该生育期对某种养分的丰缺最敏感。这样的植株器官和部位随作物种类、生育期以及营养元素的种类不同而不同，是经过大量的试验研究和生产实践总结出来的。例如大田作物，苗期常用整个地上部分（主要是叶）；在生殖生长开始时期，常采取主茎或主枝顶部新长成的健壮叶或功能叶；开始结实后，营养体中的养分变化很大，不宜作为营养诊断用的样品。蔬菜以及果树、林木类，最常选用的植株器官和部位是最新的近成熟的叶片，以及叶柄、叶脉（中脉）等。

如果为了了解施肥等措施对产品品质的影响，则显然要在成熟期采取茎秆、籽粒、果实和块茎、块根等样品。

若为了了解植株在生长过程中吸收养分的动向，则应在不同生育期分别采样。

植物群体的植株间是存在差异的，为了使样株具有代表性，通常也像采集土样一样按照一定路线在采样区内随机、多点选择样株取样，由各点相同数量的植株组成混合样品。组成混合样品的样株数目，应以群体大小、作物种类、种植密度、株形大小、株间的变异以及要求的精密度而定。一般大田作物和蔬菜作物苗期为 20～100 株，生长中后期 10～30 株。果树、林木类通常选择代表株 8～10 株，每株采约 10 片叶子。选择的样株要注意长相、长势、生育期等条件一致；株体过大、过小或受病虫害、机械损伤的以及田边、路旁的植株都不应采集。如为了某一特定目的（例如缺素诊断或毒害诊断）而采样时，则应注意样株的典型性，并要同时采取附近有对比意义的正常典型植株作为对照，使分析结果能在互比情况下说明问题。

6.1.2　植株样品的制备

　　测定植物体内易起变化的成分（例如硝态氮、氨态氮、无机磷、水溶性糖、维生素等）须用新鲜样品，测定不易起变化的成分可用干燥样品。

　　新鲜样品的制备：采回的植物样品如需要分不同器官（如叶片、叶鞘或叶柄、茎、果实等部分）测定，须立即将其剪开，以免养分运转。植物样品常带有泥土、灰尘，或沾有施用的肥料、农药等，故需要洗涤，这对微量元素（如铁、锰等）的分析尤为重要。植物组织样品应在尚未萎蔫时刷洗，否则某些易溶养分（如钾、钙、水溶性糖等）会从已死的组织中被洗出。洗涤方法一般可用湿布或毛刷仔细擦净表面沾污物，也可用蒸馏水冲洗或放入含 0.1％～0.3％ 洗涤剂的水中洗涤（约半分钟），取出后立即冲掉洗涤剂，再用蒸馏水洗净，尽快擦干，即可用于测定。如需短期保存，须在冰箱中（－5℃）冷藏，以抑制其生物化学变化。

　　干燥样品的制备：采回的植物样品经与新鲜样品制备的相同步骤处理后，必须尽快干燥。通常须分两步干燥，即先将鲜样在 80～90℃ 或 100℃ 鼓风干燥中烘 15～30min（松软组织烘 15min，致密坚实组织烘 30min），然后降温至 65℃，逐尽水分。高温处理的目的是杀酶，以阻止样品中的成分起生物化学变化。但温度也不能过高，以防止组织外部结成干壳而阻碍内部水分的蒸发和可能引起组织的热分解或焦化。干燥时间视鲜样水分含量而定，通常为 12～24h。

　　干燥的样品用研钵或带刀片的磨样机进行粉碎，并使全部过筛。测定微量元素用的样品，磨样和过筛时要特别注意避免使样品污染。测定铁、锰的样品，不要用铁器研磨过筛，测定铜、锌的样品，不要用黄铜器械，一般以用玛瑙球磨粉碎为好，也可选用特制的不锈钢磨或瓷研钵，过筛可用尼龙筛。样品过筛后须充分混匀，保存于磨口的广口瓶中。

6.2 籽粒样品的采集和制备

6.2.1 籽粒样品的采集

(1) 从个别植株上采样。谷类或豆类作物从个别植株上采取种子样品时，应考虑栽培条件的一致性。种子脱粒后，去杂、混匀，按四分法缩分为平均样品，数量一般不少于 25g。

(2) 从试验小区或大田采样。可按照植株组织样品的采样方法，选定样株收获后脱粒混匀，用四分法缩分，取得约 250g 样品，大粒种子，如花生、大豆、蓖麻、棉籽、向日葵等可取约 500g。采样时应选取完全成熟的种子，因为不成熟的种子其化学成分有明显的差异。

(3) 从成批收获物中取样。在保证样品有代表性的原则下，在散装堆中设点随机取样，或从袋装籽粒中随机确定若干袋。用取样器从每袋的上部、中部和下部取样，混匀，用四分法缩分，取得约 500g 样品。

6.2.2 籽粒样品的制备

将采集的籽粒样品风干、去杂和挑去不完善粒，用磨样机或研钵磨碎，使之通过筛孔直径为 0.5~1mm 的筛，储存于广口瓶中备用。

6.3 瓜果样品的采集和制备

6.3.1 瓜果样品的采集

所谓瓜果，这里是泛指果实、浆果和块根、块茎等。瓜果的成熟期延续较长，一般在主要成熟期取样，必要时也可在成熟过程中取 2~3 次样品。每次应在试验区或地块中随机采取 10 株以上簇位相同、成熟度一致的瓜果组成平均样品。平均样品的果数，较小的瓜果如青椒之类为不少于 40 个，番茄、洋葱、马铃薯等不少于 20 个，黄瓜、茄子、胡萝卜、小萝卜等不少于 15 个；较大的瓜果如西瓜、大萝卜等不少于 10 个。数量多时，可切取果实的 1/4 组成平均样品，总量以 1kg 左右为宜。

果树果实的采样株，要注意挑选品种特征典型及树龄、株型、生长势、载果量等较一致的正常株，老性、幼和旺长的树株都缺乏代表性。在同一果园同一品种的果树中选 3~5 株（或 5~10 株浆果作物）为代表株，从每株的全部收获物中选取大、中、小和向阳及背阴的果实共 10～15 个组成平均样品，一般总量不少于 1.5 kg。

6.3.2 瓜果样品的制备

瓜果样品的分析通常都用新鲜样品。采回的样品应刷洗、擦干。大的瓜果或样品数量多时，可均匀地切取其中一部分，注意要使所取部分中各种组织的比例与全部样品的比例相当。将样品切小块，用高速组织捣碎机（或研钵）打成匀浆，用勺子舀取称样。

瓜果样品水分含量多，容易腐烂，最好在采样后立即进行分析，否则应用冷藏法或酒精浸泡法保存，也可制成干样保存，但必须快速干燥，减少样品成分的变化。快速干燥的方法是将样品打碎或切碎，先在 110～120℃ 的鼓风干燥箱中烘 20～30min，或将完整的瓜果样品放在剧烈沸腾的蒸锅上用蒸气加热 20～30min，以使酶的活性失效，然后在 60～70℃ 下烘 5～10h，烘干的时间不宜太长。如无鼓风干燥箱，可用普通干燥箱代替，初期将干燥箱门打开，以利于水分逸出。如用真空干燥箱则更好。干燥的样品经磨细、过筛，保存于广口瓶中。

6.4 注意事项

（1）新鲜样品的含量如需换算为烘干样品的含量时，鲜样经洗净、擦干后应立即称其鲜重，干燥后再称其干重。

（2）若样品不能马上干燥，可将其放在空气流通处晾干，不要阳光照射。如需长距离运输，包装要松散些，包装袋要透风，以免样品因包装过紧而发热，增强呼吸作用。

（3）分析样品的精密度依称量而定。一般可过筛孔直径为 1mm 或 0.5mm 的筛，称样量小于 1g 时，须过筛孔直径为 0.25mm 的筛。

（4）从一批袋装籽粒中取样时，一般取样的袋数为总袋数的平方根，但不要少于 10 袋。例如 225 袋中选取 15 袋取样。

（5）将已称量的新鲜样加入足量的沸热的 95% 酒精，使酒精的最后浓度达（80±2）%，再在水浴上回流 30min。

7   植物全氮、磷和钾的测定

植物中氮、磷、钾的测定包括待测液的制备和待测液中氮、磷、钾的定量两大步骤。植物全氮待测液的制备通常用开氏消煮法。如植物全氮的测定需包括植物中的 $NO_3^- - N$ 时，则应选用包括 $NO_3^- - N$ 的开氏消煮法。植物全磷、全钾待测液的制备可用干灰化或其他湿灰化法。本章介绍 $H_2SO_4 - H_2O_2$ 消煮法，可分别测定氮、磷、钾以及其他元素（如钙、镁、铁、锰）。

对于待测液氮的定量，本章介绍蒸馏法和扩散法，也可用靛酚蓝吸光光度法。对于待测液磷的定量，常用吸光光度法，样品含磷量高时（含磷量＞0.2%），宜用钒钼黄法；含磷量低时，需用钼锑抗法。对于待测液钾的定量，一般用火焰光度法。

7.1   植物样品的消煮

7.1.1   方法原理

植物中的氮、磷大多数以有机态存在，钾以离子态存在。样品经浓硫酸和氧化剂消煮后，有机物被氧化分解，氮和磷分别转化成铵盐和磷酸盐，钾也全部释出。消煮液经定容后，可用于氮、磷、钾等元素的定量分析。

本法采用过氧化氢为加速消煮的氧化剂，不仅操作简单、快速，对氮、磷、钾的定量没有干扰，而且具有能满足一般生产和科研工作所要求的准确度。但要注意遵照操作规程的要求操作，防止有机氮被氧化成氮气或氮的氧化物而损失。

7.1.2   仪器设备

1/10 000 天平、远红外消煮炉。

7.1.3   试剂配制

（1）硫酸（H_2SO_4，分析纯）。

（2）30％双氧水（H_2O_2，分析纯）。

7.1.4 操作步骤

（1）常规消煮法。 称取通过 60 目筛（筛孔直径 0.25mm）的植物样品 0.3～0.5g（精确至 0.000 1g），放入 100mL 开氏瓶或消煮管底部，加入浓 H_2SO_4 5mL，摇匀（最好放置过夜），在电炉或消煮炉上先小火加热，待 H_2SO_4 发白烟后再升高温度，当溶液呈均匀的棕黑色时取下。稍冷后加 6 滴 30％双氧水，再加热至微沸，消煮 7～10min。稍冷后重复加 30％双氧水，再消煮。如此重复数次，每次添加的 30％双氧水应逐次减少，消煮至溶液呈无色或清亮后，再加热约 10min，以除去剩余的双氧水。取下冷却后，用蒸馏水将消煮液无损地转移至 100mL 容量瓶中，冷却至室温后定容（V_1）。用无磷、钾的干滤纸过滤，或放置澄清后吸取上清液测定磷和钾的含量。消煮每批样品的同时须做空白试验，以校正试剂和方法的误差。

（2）快速消煮法。 称取通过 60 目筛（筛孔直径为 0.5mm）的植物样品 0.3～0.5g（精确至 0.000 1g），放入 100mL 开氏瓶或消煮管中，加入 1mL 蒸馏水湿润，再加入 4mL 浓 H_2SO_4 摇匀，分两次各加入 2mL 30％双氧水，每次加入后均摇匀，待激烈反应结束后，置于电炉或消煮炉上先小火加热，慢慢升高温度进行消煮，待 H_2SO_4 发白烟，溶液呈褐色时，停止加热，此过程约需 10min。待冷却至瓶壁不烫手，加入 2mL 30％双氧水，继续加热消煮 5～10min，冷却，再加入 30％双氧水消煮，如此反复直至溶液呈无色或清亮后（一般情况下，加双氧水总量为 8～10mL），再继续加热 5～10min，以除尽剩余的双氧水。取下，冷却后用蒸馏水将消煮液无损地转移至 100mL 容量瓶中，冷却至室温后定容（V_1）。消煮每批样品的同时需做空白试验，以校正试剂和方法的误差。

7.1.5 注意事项

（1）植物体内的钾以离子态存在于细胞液中或与有机成分呈松散结合态。因此，若只测定钾时，可采用简易的浸提法制备待测液。浸提剂可用 0.5mol/L HCl 溶液或 2mol/L NH_4OAc - 0.2mol/L $Mg(OAc)_2$ 溶液，也可用热水浸提。如称取 0.500 0g 样品，加入 100mL 2mol/L NH_4OAc - 0.2mol/L $Mg(OAc)_2$ 溶液，振荡 0.5h，过滤，滤液稀释后用火焰光度法测定。

（2）所用的 30％双氧水应不含氮和磷。30％双氧水在保存中可能自动分解，加热和光照能促使其分解，故应保存于阴凉处。在 30％双氧水中加入少量 H_2SO_4 酸化，可防止 30％双氧水分解。

（3）称样量决定于氮、磷、钾的含量，健壮茎叶称 0.500 0g，种子称

0.300 0g，老熟茎叶可称 1.000 0g，若新鲜茎叶样，可按干样的 5 倍称样。称样量大时，可适当增加浓 H_2SO_4 用量。

（4）加 30% 双氧水时，应直接滴入瓶底液体中，如滴在瓶颈内壁上则不但起不到氧化作用，还会影响磷的显色。

7.2　植物全氮的测定

7.2.1　方法原理

植物样品经开氏消煮、定容后，吸取部分消煮液碱化，使铵盐转变成氨。经蒸馏或扩散后，用 H_3BO_3 吸收，用标准酸滴定，以硼酸-甲基红-溴甲酚绿混合指示剂指示终点。

7.2.2　仪器设备

1/10 000 天平、定氮仪、调温调湿箱。

7.2.3　试剂配制

（1）浓硫酸（H_2SO_4，分析纯）。

（2）10mol/L NaOH 溶液：称取 210g 氢氧化钠（NaOH，化学纯或分析纯）放入硬质烧杯中，加入约 200mL 蒸馏水，搅拌溶解后，转移至硬质试剂瓶中，盖上塞子，防止吸收空气中的 CO_2。放置几天，待 Na_2CO_3 沉降后，用虹吸法将上清液移至盛有约 80mL 无 CO_2 蒸馏水的硬质瓶中，加蒸馏水至 500mL。瓶口装一个碱石棉管，以吸收空气中的 CO_2。

（3）0.01mol/L HCl 标准溶液：吸取 8.5mL 浓盐酸（HCl，分析纯），加入蒸馏水，定容至 1L，然后用蒸馏水准确稀释 10 倍后使用。

（4）溴甲酚绿-甲基红混合指示剂：称取 0.5g（或 0.499g）溴甲酚绿（$C_{21}H_{14}Br_4O_5S$，分析纯）、0.1g（或 0.066g）甲基红（CHN_3O_2，分析纯）于玛瑙研钵中，加入少量 95% 乙醇（C_2H_6O，分析纯），研磨至指示剂全部溶解后，加入 95% 乙醇至 100mL。

（5）2% H_3BO_3-指示剂混合溶液：称取 20g 硼酸（H_3BO_3，化学纯或分析纯），溶于蒸馏水中，加蒸馏水至 1L。在使用前，每升 H_3BO_3 溶液中，加入 20mL 混合指示剂，并用稀碱或稀酸溶液调节溶液颜色至刚变为紫红色（pH 约为 4.5）。

7.2.4 操作步骤

(1) 蒸馏法。检查蒸馏装置是否漏气、管道是否洁净后，吸取定容后的消煮液 $5.00 \sim 10.00 mL$（V_2，含 $NH_4^+ - N$ 约 1mg），放入蒸馏管中。另取 150mL 三角瓶，加入 5mL 2% H_3BO_3 -指示剂溶液，放在冷凝管下端，管口置于 H_3BO_3 液面以上 3~4cm 处，开始蒸馏。待馏出液体积为 50~60mL 时，停止蒸馏，用少量已调节至 pH4.5 的水冲洗冷凝管末端。最后用 0.001mol/L HCl 标准溶液滴定馏出液，当馏出液颜色由蓝绿色突变为紫红色时为滴定终点，与此同时进行空白测定的蒸馏滴定（滴定终点的颜色应和样品测定的滴定终点相同）。

(2) 扩散法。吸取定容后的消煮液 $2.00 \sim 5.00 mL$（V_2，含 $NH_4^+ - N$ 0.05~0.5mg）于 10cm 的扩散皿外室，内室加入 2% H_3BO_3 -指示剂溶液 3mL，在扩散皿外室边缘涂碱性胶液，盖上毛玻璃，旋转数次，使扩散皿边与毛玻璃完全黏合。再渐渐转开毛玻璃一边，使扩散皿外室露出一条狭缝，迅速加入 2mL 40% NaOH 溶液，以中和消煮液中的 H_2SO_4，先盖上毛玻璃，然后迅速加入 10.0mL 1mol/L NaOH 溶液，立即盖严，轻轻旋转扩散皿，让碱溶液盖住所有土壤，再用橡皮筋绑紧，使毛玻璃固定。扩散可在室温下进行。室温在 20℃以上时，放置约 1d；室温低于 20℃时，须放置较长时间或放在 40℃调温调湿箱中扩散。在扩散期间，可将扩散皿内容物小心转动 2~3 次，加速扩散。扩散完后用 0.001mol/L HCl 标准溶液滴定扩散皿内室的 H_3BO_3 -指示剂溶液，溶液由蓝绿色突变为紫红色为滴定终点。在测定样品的同时，须在同一条件下做空白试验及 $NH_4^+ - N$ 标准溶液的回收率测定。

7.2.5 结果计算

$$植物全氮含量（\%）= \frac{C \times (V - V_0) \times 14.0 \times f_s \times 10^{-3}}{m} \times 100\%$$

$$(7-1)$$

式中：C——HCL 标准溶液的浓度（mol/L）；

$\quad\quad V$——滴定试样所消耗的 HCL 标准溶液体积（mL）；

$\quad\quad V_0$——滴定空白所消耗的 HCL 标准溶液体积（mL）；

$\quad\quad 14$——N 的摩尔质量（g/mol）；

$\quad\quad f_s$——分取倍数（消煮液定容体积与吸取消煮液体积之比）；

$\quad\quad 10^{-3}$——将 mL 换算成 L 的系数；

$\quad\quad m$——植株样品质量（g）。

7.2.6　注意事项

NH$_4^+$ - N 回收率的测定：吸取 100mol/L NH$_4^+$ - N 标准溶液（0.352 0g/L NH$_4$Cl）5.00mL 于扩散皿外室，按样品测定的操作步骤进行扩散。每批应做 4～6 个 NH$_4^+$ - N 回收率试验。在样品滴定前先滴定 2 个盛有标准液的扩散皿做回收率检验。若 NH$_4^+$ - N 的回收率已达 98% 以上，证明溶液中的 NH$_3$ 已扩散完全，可以开始测定成批样品；若 NH$_4^+$ - N 的回收率尚未达到要求，则需延长扩散时间。

7.3　植物全磷的测定

7.3.1　钒钼黄吸光光度法

（1）方法原理。 植物样品经浓硫酸消煮使各种形态的磷转变成磷酸盐。待测液中的正磷酸与偏钒酸和钼酸能生成黄色的三元杂多酸，其吸光度与磷浓度成正比，可在波长 400～490nm 处用分光光度法测定磷含量。当磷浓度较高时选用较长的波长，当磷浓度较低时选用较短的波长。

此法的优点是操作简便，可在室温下显色，黄色稳定。在硝酸、高氯酸和硫酸等介质中都适用，对酸度和显色剂浓度的要求也不十分严格，干扰物少。在可见光范围内灵敏度较低，适测范围广（含磷量 1～20mg/L），故广泛应用于含磷量较高而且变幅较大的植物和肥料样品中磷的测定。

（2）仪器设备。 1/10 000 天平、分光光度计。

（3）试剂配制。

①钒钼酸铵溶液：称取 25.0g 钼酸铵 [(NH$_4$)$_2$MoO$_4$，分析纯]，溶于 400mL 蒸馏水中。称取 1.25g 偏钒酸铵（NH$_4$VO$_3$，分析纯），溶于 300mL 沸水中，冷却后缓缓加入 250mL 浓硝酸（HNO$_3$，分析纯），不断搅匀。将钼酸铵溶液缓缓加到钒酸铵溶液中，不断搅匀，用蒸馏水定容至 1L，储存于棕色瓶中。

②6mol/L NaOH 溶液：称取 24g 氢氧化钠（NaOH，化学纯或分析纯），溶于蒸馏水中，用蒸馏水定容至 100mL。

③0.2% 二硝基酚指示剂：称取 0.2g 2,6-二硝基酚（C$_6$H$_4$N$_2$O$_5$，分析纯）或 2,4-二硝基酚，溶于 100mL 蒸馏水中。

④磷标准溶液 [c（P）=50mg/L]：称取 0.219 5g 经烘干 2h 后的磷酸二氢钾（KH$_2$PO$_4$，分析纯），溶于蒸馏水中，再加入 5mL 浓硫酸（H$_2$SO$_4$，分析纯），于 1L 容量瓶中定容。

（4）操作步骤。

①准确吸取定容、过滤或澄清后的消煮液 5～20mL（含磷量 0.05～0.75mg）放入 50mL 容量瓶中，加入 2 滴二硝基酚指示剂，滴加 6mol/L NaOH 中和至溶液刚呈黄色。加入 10.00mL 钒钼酸铵试剂，用蒸馏水定容。15min 后，用光径 1cm 的比色皿，在分光光度计上于波长 440nm 处比色，以空白溶液（空白试验消煮液按上述步骤显色）调节仪器零点。

②标准曲线：准确吸取 50mg/L 磷标准液 0mL、1mL、2.5mL、5mL、7.5mL、10mL 和 15mL 分别放入 50mL 容量瓶中，按上述步骤显色，即得 0mg/L、1mg/L、2.5mg/L、5mg/L、7.5mg/L、10mg/L 和 15mg/L 磷的标准系列溶液，与待测液一起进行测定，读取吸光度，然后绘制标准曲线。

（5）结果计算。

$$植物全磷含量（\%）= c(P) \times \frac{V}{m} \times f \times 10^{-6} \times 100\% \quad (7-2)$$

式中：$c(P)$——由标准曲线上查知待测液中磷的浓度（mg/L）；

$\quad\quad V$——显色液的体积（mL）；

$\quad\quad m$——植株样品质量（g）；

$\quad\quad f$——分取倍数；

$\quad\quad 10^{-6}$——将 mg 换算为 g 的系数与 mL 换算为 L 的系数之积。

（6）注意事项。

①当显色液中 $c(P)$ 为 1～5mg/L 时，测定波长用 420nm；当显色液中 $c(P)$ 为 5～20mg/L 时，测定波长用 490nm。待测液中 Fe^{3+} 浓度高时，测定波长应选用 450nm，以清除 Fe^{3+} 干扰。标准曲线也应用同样波长测定绘制。

②一般室温下，温度对显色影响不大，但室温太低（如<15℃）时，需显色 30min，稳定时间可达 1d。

③如试液为盐酸、高氯酸介质，显色剂应用盐酸配制；如试液为硫酸介质，显色剂也用硫酸配制。显色液酸的适宜浓度范围为 0.2～1.6mol/L，最好是 0.5～1.0mol/L。酸浓度高，显色慢且不完全，甚至不显色；酸浓度低于 0.2mol/L，易产生沉淀物，干扰测定。钼酸盐在显色液中的终浓度适宜范围为 1.6×10^{-3}～1.0×10^{-2}mol/L，钒酸盐为 8×10^{-5}～2.2×10^{-3}mol/L。

④此法干扰离子少。主要干扰离子是铁，当显色液中 Fe^{3+} 浓度超过 0.1% 时，Fe^{3+} 的黄色有干扰。可用扣除空白消除。

7.3.2 钼锑抗吸光光度法

（1）方法原理。植物样品经浓硫酸消煮使各种形态的磷转变成磷酸盐。在一定酸度下，待测液中的正磷酸与钼酸铵和酒石酸锑钾生成一种三元杂多酸，在室温下能迅速被抗坏血酸还原为蓝色络合物，含磷量少的植物样品可用钼锑抗吸光光度法测定磷含量。

(2) 仪器设备。 1/10 000 天平、分光光度计。

(3) 试剂配制。

①6mol/L NaOH 溶液：称取 240.0g 氢氧化钠（NaOH，化学纯或分析纯），溶于蒸馏水中，冷却后定容至 1L。

②0.2%二硝基酚指示剂：称取 0.2g 2,6-二硝基酚（$C_6H_4N_2O_5$，分析纯），溶于 100mL 蒸馏水中。

③2mol/L（$1/2H_2SO_4$）硫酸溶液：吸取 11.2mL 浓硫酸（H_2SO_4，分析纯），缓缓加入蒸馏水中，定容至 100mL。

④钼锑贮备液：将 126mL 浓硫酸（H_2SO_4，分析纯）缓慢地加入盛有约 400mL 蒸馏水的烧杯中，搅拌，冷却。称取 10.0g 钼酸铵 [$(NH_4)_2MoO_4$，分析纯]，溶解于约 60℃ 的 300mL 蒸馏水中，冷却。然后将 H_2SO_4 溶液缓缓倒入钼酸铵溶液中，再加入 100mL 0.5%酒石酸锑钾（$C_8H_4K_2OSb_2$，分析纯）溶液，最后用蒸馏水定容至 1L，避光储存。此储备液钼酸铵含量为 1%，酸浓度为 c（$1/2H_2SO_4$）＝4.5mol/L。

⑤钼锑抗显色剂：称取 1.50g 抗坏血酸（$C_6H_8O_6$，分析纯，左旋，旋光度 21°～22°），溶于 100mL 钼锑贮备液中。此液须随配随用，有效期 1d，如在冰箱中存放，可用 3～5 d。

⑥磷标准工作液 [c（P）＝5mg/L]：吸取 100mg/L 磷标准液稀释 20 倍，即为 5mg/L 磷标准工作溶液，此溶液不宜久存。

(4) 操作步骤。

①吸取定容过滤或澄清后的消煮液 2.00～5.00mL（含磷量 5～30μg）于 50mL 容量瓶中，用蒸馏水定容至约 30mL，加 1～2 滴二硝基酚指示剂，滴加 6mol/L NaOH 溶液中和至刚呈黄色，再加入 1 滴 2mol/L $1/2H_2SO_4$ 溶液，使溶液的黄色刚刚褪去，然后加入钼锑抗显色剂 5.00mL，摇匀，用蒸馏水定容。在室温高于 15℃ 的条件下放置 30min，用光径为 1cm 比色皿，在分光光度计上于波长 700nm 处测定吸光度，以空白溶液为参比调节仪器零点。

②标准曲线：分别准确吸取 5mg/L 磷标准工作溶液 0mL、1mL、2mL、4mL、6mL 和 8mL，放入 50mL 容量瓶中，加蒸馏水至 30mL，同上步骤显色并定容，即得 0mg/L、0.1mg/L、0.2mg/L、0.4mg/L、0.6mg/L 和 0.8mg/L 磷标准系列溶液，与待测液同时测定，读取吸光度，然后绘制标准曲线。

(5) 结果计算。 与钒钼黄吸光光度法的计算方法相同。

(6) 注意事项。 根据分光光度计的性能，可选用波长 650～890nm 测定，880～890nm 处灵敏度最高。

7.4 植物全钾的测定

7.4.1 方法原理

植物样品经消煮或浸提，并经稀释后，待测液中的钾可用火焰光度法测定。

7.4.2 仪器设备

1/10 000 天平、火焰光度计。

7.4.3 试剂配制

100mg/L 钾（K）标准溶液：准确称取 0.190 7g 经 105～110℃烘干 2 h 的氯化钾（KCl，分析纯），溶于蒸馏水中，于 1L 容量瓶中定容，保存于塑料瓶中。

7.4.4 操作步骤

钾的标准系列溶液：分别准确吸取 100mg/L 钾标准溶液 0mL、1mL、2.5mL、5mL、10mL 和 20mL，放入 50mL 容量瓶中，加入定容后的空白消煮液 5mL 或 10mL（使标准溶液中的离子成分和待测液相近），加蒸馏水定容，即得 0mg/L、2mg/L、5mg/L、10mg/L、20mg/L 和 40mg/L 钾的标准系列溶液。在火焰光度计上按照操作规程从稀到浓依次进行测定。

样品测定：吸取定容后的消煮液 5.00～10.00mL 放入 50mL 容量瓶中，用蒸馏水定容，在火焰光度计上按照操作规程进行测定。

7.4.5 结果计算

$$植物全钾含量（\%）=c（K）\times \frac{V}{m}\times f\times 10^{-6}\times 100\% \quad (7-3)$$

式中：c（K）——待测液中 K 的浓度（mg/L）；

　　　　V——待测液定容的体积（mL）；

　　　　f——分取倍数；

　　　　m——植物样品质量（g）；

　　　　10^{-6}　将 mg 换算为 g 的系数与 mL 换算为 L 的系数之积。

7.4.6　注意事项

（1）可直接用消煮液或浸出液于火焰光度计上测定。

（2）火焰光度计仪器预热后，先测定钾的标准系列溶液，然后测定试样，每测定 5～10 个试样后，须用合适浓度的 1～2 个钾标准液校准一次，使读数保持前后一致。

8 农产品品质分析

8.1 植物水分含量的测定

测定植物水分含量的目的：一是为了确定植物体实际含水情况或干物质含量；二是为了要以全干样品为基础来计算各成分的百分含量。测定植物水分的方法很多，如常压加热干燥法、减压加热干燥法、共沸蒸馏法和卡尔·费休法等，应根据样品特性、分析准确度和精密度的要求、设备条件等进行适当选择。本实验介绍常压加热干燥法和减压加热干燥法。

8.1.1 常压加热干燥法

(1) 方法原理。 将制备好的植物样品在常压下于 105℃ 或 130℃ 恒温箱中烘干一定时间，样品的烘干失重即为其水分含量。样品在高温烘烤时，可能有部分易焦化、分解或挥发的成分损失，也可能有部分油脂等被氧化而增重造成误差。但在严格控制操作条件的情况下，对多数植物样品来说，常压加热干燥法仍是测定植物水分最常用的较准确的方法。常压加热干燥法适用于不含有易热解和易挥发成分的植物样品。

(2) 仪器设备。 1/100 天平、1/10 000 天平、电热鼓风干燥箱、干燥器。

(3) 操作步骤。

①105℃ 干燥法：称取植株试样 2.000～5.000g（连同铝盒质量为 m_1），放在预先于 105℃ 烘至恒质量的铝盒中（m_0），摊开。把干燥箱预热至 115℃ 左右，将铝盒盖揭开，放在盒底，置于干燥箱中，于（105±2）℃ 下烘干 8 h。取出，盖好盒盖，在干燥器中冷却至室温（20～30min），立即称量（m_2）。

②130℃ 快速干燥法：本法只适用于谷物样品水分的测定。测定前，先将干燥箱预热至 140～145℃，将称好的试样放入干燥箱内，关好箱门，使温度尽快在 10min 内回升至 130℃，开始计时，在（130±2）℃ 烘干 60min。其他操作与 105℃ 干燥法同。

（4）结果计算。

$$水分含量（风干基，\%）=\frac{m_1-m_2}{m_1-m_0}\times100\% \qquad(8-1)$$

式中：m_0——烘干铝盒质量（g）；

m_1——烘干铝盒和风干样品的总质量（g）；

m_2——烘干后铝盒和样品的总质量（g）。

8.1.2　减压加热干燥法

（1）方法原理。 在减压条件下，样品中的水分在较低温度就可蒸发除尽。样品的干燥失重，即为其水分量。本法适用于含有易热解成分的样品（如幼嫩植物组织等），但不适用于含挥发性油的样品。

（2）仪器设备。 1/100 天平、1/10 000 天平、真空干燥箱、真空泵、干燥器。

（3）操作步骤。 称取风干磨碎或切片的植物样品 2.000～5.000g（连同铝盒质量为 m_1），放入预先烘至恒质量的铝盒（m_0）中，将盖子放在盒底，放入已预热至约80℃的减压干燥箱中。干燥箱出气孔通过除湿装置与真空泵相连，抽出干燥箱内的空气，一般须减压至 600mm 水银柱以上，同时加热至（70±1）℃。先关闭泵的活塞，再切断电源，停止抽气。干燥过程中，如箱内气压上升，须再进行抽气，使干燥箱内保持一定温度与低压，约 5 h 后，小心地打开进气活塞，使空气缓缓流入，至箱内压力与大气压力平衡后，打开箱门，盖好盒盖，移入干燥器中冷却至室温（20～30min），称量（m_2）。

（4）结果计算。 计算公式同式（8-1）。

（5）注意事项。

①高温烘烤可能使样品外部组织形成干壳，阻碍样品内部组织中水分的逸出。

②应将样品置于空气流通处，加速样品风干，至样品湿度与空气湿度相平衡。

③以两次烘干质量之差不超过 2mg 为恒质量。

④植物水分含量的计算通常以分析样品（风干样品或鲜样品）为基础，即风干基或鲜基，不常用干基。

⑤干燥箱内气压在 13.3kPa 水银柱以下。

8.2　蛋白质含量的测定

植物体内的含氮化合物大多数是蛋白质，同类植物的蛋白质含氮量基本上是固定的,因此测定植物全氮含量(％),乘以蛋白质的换算因数,就可得到植物蛋白质(％)。但植物体内除蛋白质态氮外,还含有少量非蛋白质态含氮化合物(如氨基酸、酰胺、氨基糖等),所以由植物全氮含量(％)换算得到的蛋白质含量(％),称为粗蛋白质含量。如果要测定纯蛋白质含量,必须先用沉淀剂(如碱式硫酸铜、碱式乙酸铅或三氯乙酸等)将试样中的水溶性蛋白质沉淀,用蒸馏水将非蛋白质态氮从试样中溶出,使蛋白质态氮与非蛋白质态氮分开,再测定沉淀物中的氮含量,乘以蛋白质换算因数,即为纯蛋白质含量。

植物蛋白质的测定常用开氏法,开氏法是种子、饲料、水果、蔬菜产品等蛋白质测定的国家标准方法。此外,种子中蛋白质的测定还常用染料结合法(DBC法)和双缩脲法等快速方法,本实验介绍开氏法和染料结合法。

8.2.1 开氏法

开氏法测定蛋白质氮的原理和步骤与植物全氮的测定原理和步骤相同。样品全氮含量(％)乘以蛋白质换算因数即为粗蛋白质的含量。蛋白质换算因数决定于样品中蛋白质的含氮量(％)。动、植物的蛋白质含氮量多数为15％～17％,平均为16％,所以最常用的换算因数为6.25(即100/16)。但植物种子的蛋白质含氮量一般较高。也可按样品种类分别选用相应的换算因数,例如麦类、豆类的换算因数为5.70,水稻5.95,高粱5.83,大豆6.25,其他谷物6.25,此时须在分析报告上说明所用的换算因数。

8.2.2 染料结合法

(1) 方法原理。在 pH 2～3 的缓冲溶液中,蛋白质中的碱性氨基酸(赖氨酸、精氨酸和组氨酸)的—NH_2、咪唑基、胍基以及蛋白质的末端自由氨基呈阳离子态存在,可以与偶氮磺酸染料(如橘黄 G、酸性橙 12 等)的阴离子结合,形成不溶于蒸馏水的蛋白质-染料络合物。当试样中加入过量的染料时,还有染料残余。

通过测定一定量的试样与一定体积的已知浓度染料反应前后溶液中染料浓度的变化,可以求出染料结合量,即单位样品(g)所结合的染料量(mg)。它的大小反映样品中碱性氨基酸的多少。

凡是来源相同的蛋白质,其碱性氨基酸的含量大体上相同。研究证明,小麦、大麦、水稻、大豆、花生等种子中,蛋白质的含量与碱性氨基酸含量之间有很好的相关性。因此,可以用上述的试样和染料溶液作用求得的染料结合量或残余染料溶液的浓度、吸光度等来评比同种作物种子之间蛋白质含量的高低。如果要从染料结合量来计算样品的粗蛋白质含量(％),则需用开氏法测定同类种子的一批样品的粗蛋白质含量（％），同时也用染料结合法测定其染料结合量，然后求出粗蛋白质含量（％）对染料结合量的回归方程或绘出回归线。这样，测定未知样品的染料结合量，就可以从回归方程计算或查回归线得到粗蛋白质百分数，不同种类样品的回归方程或回归线是不同的，应分别制作。

染料结合法简单、快速，适用于大批样品的筛选工作。国内外均已有根据此方法的原理而设计的专用蛋白质分析仪。此法适用样品的范围很广，除用于测定谷物和油料作物种子粗蛋白质含量外，还广泛应用于测定鱼粉、饲料、各种肉类及牛奶的蛋白质含量，甚至有人曾用此法测定土壤中有机氮的含量。

(2) 仪器设备。 1/10 000 天平、振荡器、离心机、分光光度计。

(3) 试剂配制。 染料溶液（1mg/mL）：称取 20.70g 柠檬酸（$C_6H_7O_8$，分析纯）和 1.44g 磷酸氢二钠（$Na_2HPO_4 \cdot 12H_2O$，分析纯），溶于 300～400mL 蒸馏水，全部转移至 1L 容量瓶中。另外称取 1.000g 橘黄 G（Orange G，简称 OG，$C_{16}H_{10}O_7N_2S_2Na_2$，分析纯），加少量蒸馏水，在 80℃ 水浴上加热溶解，转移至以上容量瓶中，再加入 3～5 滴 10％百里酚酒精溶液以防腐，用蒸馏水定容至 1L。

(4) 操作步骤。 称取 0.200～0.700g 通过 60 目筛（筛孔直径 0.25mm）的样品，加入 50mL 三角瓶中，加入 20.00mL 染料溶液（V），盖上盖子，振荡 1h，使样品与染料溶液充分反应。吸取反应后的浑浊液 8～10mL 倒入离心管中，以 2 500～3 000 r/min 的速度离心 8～12min，至上部溶液澄清为止，用分光光度计测定残余染料溶液的浓度。因染料溶液的浓度很高，需用具有短光径流动液槽的分光光度计（如国产的 GXD-201 型蛋白质分析仪）进行测定。如使用普通的分光光度计，则必须将染料溶液用蒸馏水稀释 50 倍，用光径 0.5cm 的比色皿于波长 482nm 处测读吸光度，以蒸馏水为参比调节仪器零点。

染料溶液的标准曲线：分别准确吸取染料溶液 0mL、5mL、15mL、25mL、30mL、35mL 和 40mL，放入 50mL 容量瓶中，用蒸馏水定容，即得浓度为 0mg/mL、0.1mg/mL、0.3mg/mL、0.5mg/mL、0.6mg/mL、0.7mg/mL 和 0.8mg/mL 的染料标准系列溶液。如上述操作，用具有短光径流动液槽的分光光度计进行测定，或用蒸馏水稀释 50 倍后，用分光光度计进行测定，然后绘制标准曲线。

粗蛋白质含量（％）对染料结合量的回归方程：选取粗蛋白质含量从低到高（如小麦种子粗蛋白质含量可以从 7％～17％）的同一类谷物样品 20～30 个，用开氏法测定其粗蛋白质含量，并用上述方法测定各样品的染料结合量。根据所得结果，计算出染料结合量与蛋白质含量之间的回归方程或绘制成回归曲线。

（5）结果计算。

$$B = \frac{V \times (C_0 - C)}{m}$$　　　　　　　　（8-2）

式中：B——染料结合量（mg/g）；

　　　　V——加入染料溶液的总体积（mL）；

　　　　C_0——染料溶液的初始浓度（mg/mL）；

　　　　C——由标准曲线中查知反应后残余溶液中的染料浓度（mg/mL）；

　　　　m——样品质量（g）。

将测得未知样品的 B 值代入回归方程，计算样品粗蛋白质的含量。

（6）注意事项。

①染料结合反应的条件，如染料溶液的 pH、样品的粒度、振荡反应的时间和温度等都影响测定的结果，故要力求每次测定的反应条件一致，特别要注意测定试样与测定回归方程的样品时的反应条件一致。

②称样质量按样品蛋白质含量而定，一般水稻、小麦和大麦等称取 0.5g，玉米称取 0.7g，大豆称取 0.2g，花生及鱼粉等应更少一些。

③根据对北京农业大学小麦选种组的一系列不同蛋白质含量的小麦所进行的测定结果，粗蛋白质含量（％）与染料结合量的回归方程为：蛋白质含量（％）＝0.809B。

8.3　水溶性糖含量的测定

植物中的水溶性糖主要包括葡萄糖、果糖（二者为还原糖）和蔗糖（非还原糖）。它们都易溶于蒸馏水和乙醇，因此可用温水或 80％乙醇为浸提剂。

浸出液中还原糖的测定方法很多，常用的化学方法是用适当的氧化剂将还原糖氧化，然后测定其反应生成物或剩余的氧化剂量。反应生成物的测定方法有质量法、容量法和吸光光度法等。

蔗糖为非还原糖，经稀酸或酶水解转化成转化糖（还原糖）后，也可按上述方法测定。

此外，浸出液中的水溶性糖（还原糖和非还原糖）经浓酸处理后，能与某些显色剂（如酚、蒽酮等）显色，可用分光光度计测定。本实验将介绍水浸提-铜还原-直接滴定法。

8.3.1　方法原理

样品中的水溶性糖可用温水或乙醇浸出。与糖同时浸出的少量蛋白质、果胶等物质会使过滤困难，而且在碱性条件下可能部分水解成还原性物质，干扰糖的测定，所以过滤前需用澄清剂除去。

铜还原-直接滴定法（Lane-Eynon 法）测定的是待测液中的还原糖。如果要测定水溶性糖总量，则需用稀盐酸将浸出液中的蔗糖水解成转化糖（等分子葡萄糖和果糖），连同原有的还原糖一起测定。

铜还原-直接滴定法测定还原糖的原理是基于还原糖在碱性条件下可被适当的氧化剂所氧化。本法所用的氧化剂为斐林（Fehling）试剂。它由斐林试剂 A、斐林试剂 B 两种溶液组成，斐林试剂 A 为硫酸铜溶液，斐林试剂 B 为酒石酸钾钠溶液和氢氧化钠溶液。平时测定前斐林试剂 A、斐林试剂 B 应分别保存，测定时将斐林试剂 A、斐林试剂 B 等体积混合。混合后，由于溶液中有络合剂酒石酸盐，二价铜离子在碱性条件下也不会生成氢氧化铜沉淀，而是形成水溶性的深蓝色络合物离子酒石酸根合铜（Ⅱ）酸根离子，当然溶液中总是有少量二价铜离子存在。

直接滴定法是在碱性介质和沸热条件下，用还原糖待测液滴定一定量的斐林试剂。此时络合态和游离态二价铜离子被还原糖还原，产生红色的 Cu_2O 沉淀，还原糖则被氧化和降解成糖酸。滴定时以亚甲基蓝为氧化-还原指示剂，因为亚甲基蓝氧化能力较 Cu^{2+} 弱，所以当 Cu^{2+} 全部被还原后，稍过量的还原糖即会使蓝色的氧化型亚甲基蓝还原为无色的还原型亚甲基蓝，即为滴定终点。

一定量斐林试剂所相当的还原糖量（mg）与滴定时的反应条件有关，可在与测样相同条件下用标准糖液来标定，也可以从在一定条件下制成的 Lane - Eynon 检索表中查出。从滴定一定量的斐林试剂所消耗的待测液量，可以计算出待测液中还原糖的浓度。

铜还原-直接滴定法操作简便，适用于含糖量较高的样品（如新鲜水果、蔬菜、干果等）的测定。

8.3.2　仪器设备

1/100 天平、水浴锅、组织捣碎机、电炉。

8.3.3　试剂配制

（1）斐林试剂 A：称取 34.64g 硫酸铜（$CuSO_4 \cdot 5H_2O$，分析纯），溶于少量蒸馏水中，转移至 500mL 容量瓶，用蒸馏水定容。

（2）斐林试剂 B：称取 173g 酒石酸钾钠（$KNaC_4H_4O_6 \cdot 4H_2O$，分析纯）和 50g 氢氧化钠（NaOH，分析纯），溶于蒸馏水中，用蒸馏水定容至 500mL，必要时用石棉垫漏斗过滤。

（3）10％中性乙酸铅溶液：称取 100g 乙酸铅［Pb(CH₃COO)₂·3H₂O，化学纯或分析纯］，溶于蒸馏水中，过滤后定容至 1L。

（4）饱和 Na₂SO₄ 溶液：称取 165g 十水合硫酸钠（Na₂SO₄·10H₂O，化学纯或分析纯），溶于 1L 蒸馏水中。

（5）标准转化糖溶液：称取 10.450g 蔗糖（C₁₂H₂₂O₁₁，分析纯），溶于约 100mL 蒸馏水中，加 6mol/L HCl 溶液 10mL，在室温（20～25℃）下放置 3d 或置于 70～80℃ 水浴 10min，冷却后转入 1L 容量瓶中定容（此糖液为酸化的 1.1％转化糖液，可保存 3～4 个月）。吸取 1.1％转化糖溶液 25.00mL 于 250mL 容量瓶中，加入甲基红指示剂 1～2 滴，加入 1mol/L NaOH 溶液中和，最后用蒸馏水定容，即为 1.1mg/mL 标准转化糖溶液（现用现配），也可直接用葡萄糖配制成标准葡萄糖溶液。

（6）6mol/L HCl 溶液：吸取同体积浓盐酸（HCl，化学纯或分析纯）与蒸馏水混合而成的溶液。

（7）6mol/L NaOH 溶液：称取 120g 氢氧化钠（NaOH，化学纯或分析纯），溶于蒸馏水中，用蒸馏水定容至 500mL。

（8）1％亚甲基蓝指示剂：称取 1.0g 亚甲基蓝（CHN₃ClS，分析纯），溶于 100mL 蒸馏水中。

（9）0.1％甲基红指示剂：称取 0.1g 甲基红（CHN₃O₂，分析纯），溶于 100mL 60％乙醇中。

8.3.4 操作步骤

（1）水溶性糖的浸提。 将新鲜样洗净擦干，切成小块混匀。称取 25.0g 于研钵中，加少许石英砂共同研碎，或加入 1～2 倍的水于高速捣碎机中捣碎，然后小心地转移至 250mL 容量瓶中。含有机酸较多的样品，须加入 0.5～2.0g 粉状 CaCO₃ 中和，最后加蒸馏水至约 200mL，摇匀，滴加 10％中性乙酸铅溶液至产生白色絮状沉淀，充分摇动混合，静置 15min，再滴加 10％中性乙酸铅溶液于上清液中检查是否沉淀完全。如果还有沉淀形成，再摇动，静置，直至不产生白色絮状沉淀为止（2～5mL），然后置于 80℃ 水浴中保温半小时，其间摇动数次，以利于糖分的浸提完全，冷却，过量的乙酸铅用饱和 Na₂SO₄ 除去（加入 1.5～2 倍乙酸铅体积的饱和 Na₂SO₄，即 3～10mL）。用蒸馏水定容（V），用干滤纸过滤。此液可供样品中还原糖的测定。

（2）蔗糖的转化。 吸取上述滤液 50.00mL，放入 100mL 容量瓶中，加入 6mol/L HCl 溶液 5mL，置于 80℃ 水浴上加热 10min（或在 25℃ 室温下放置 3d），放入冷水中冷却后，加入甲基红指示剂 2 滴，用 6mol/L NaOH 溶液中和至橙黄色，加蒸馏水定容。将溶液倒入 50mL 碱式滴定管中备用。此溶液可供样品中可溶性糖总量的测定。

(3) 还原糖的测定。

①斐林试剂的标定：吸取斐林试剂 A、斐林试剂 B 各 5.00mL 于 150mL 三角瓶中混合，用滴定管加入标准糖液约 45mL，在酒精灯或小电炉上加热，使其在 2min 左右沸腾，准确煮沸 2min，此时三角瓶不离开热源，立即加入亚甲基蓝指示剂 3 滴，继续滴入标准糖液，直到 Cu^{2+} 被完全还原成砖红色的 Cu_2O 沉淀，指示剂亦被还原，溶液蓝色褪尽为止，前后沸热的时间须在 3min 左右。根据滴定所用的标准糖液的体积（V_1，以 mL 计）和浓度，计算 10mL 斐林混合试剂相当于还原糖的质量（G，以 mg 计，$G = 1.1 \times V_1$）。

②约测：吸取斐林试剂 A 和斐林试剂 B 各 5.00mL 混合于 150mL 三角瓶中，用滴定管加入待测糖液约 10mL，按斐林试剂的标定同样操作，加热至沸，加入亚甲基蓝指示剂 3 滴，继续滴入待测糖液，边滴边摇动，直至蓝色褪尽为止，记下待测糖液的体积（V_2，以 mL 计）。

③准确测定：吸取斐林试剂 A 和斐林试剂 B 各 5.00mL 混合于 150mL 三角瓶中，由滴定管加入比约测仅少 0.5～1mL 的待测糖液，并补加（$V_1 - V_2$）mL 的水（即标定斐林试剂所耗的标准糖液体积减去约测所耗的待测糖液体积）。将混合液煮沸 2min 后加入亚甲基蓝指示剂 3 滴，继续用待测糖液逐渐滴加至终点。前后沸热时间须在 3min 左右。所消耗的待测糖液的体积（V_3，以 mL 计）应控制在 15～50mL，否则应稀释后重新滴定，或增加称样量重新制备待测糖液。

8.3.5　结果计算

$$\text{还原糖含量（\%）} = \frac{G}{V_3} \times \frac{V}{m} \times 100\% \qquad (8-3)$$

式中：G——与 10mL 斐林试剂相当的还原糖质量（mg）；

　　　　V_3——准确测定时所消耗的待测糖液的体积（mL）；

　　　　V——浸提液定容的体积（mL）；

　　　　m——样品质量（mg）。

$$\text{水溶性糖总量（\%）} = \frac{G}{V_3} \times \frac{V}{m} \times f \times 100\% \qquad (8-4)$$

式中：f——分取倍数（100/50=2）。

$$\text{蔗糖含量（\%）} = （\text{水溶性糖总含量} - \text{还原糖含量}） \times 0.95$$

$$(8-5)$$

式中：0.95——由转化糖换算为蔗糖的因数。

8.3.6 注意事项

（1）还原糖包括葡萄糖和果糖。葡萄糖具有醛基（—HC＝O），果糖具有酮基（—C＝O），后者在碱性溶液中经烯醇化作用转变成醛基，所以它们都具有还原性，蔗糖是非还原糖，须经稀酸水解成转化糖后才具有还原性。

（2）还原糖与斐林试剂的反应很复杂，还原糖的氧化产物和反应的程序决定于反应时的各项条件，例如反应溶液中的铜、碱、糖的总量和浓度，加热的强度、温度和时间，以及各因子间的交互影响。因此，不能按某一简单的氧化还原反应方程计算斐林试剂与还原糖之间的化学计量关系。通常需用实验所得的经验数据进行计算。例如与待测液相同条件下用标准糖液进行标定，或在一定条件下制成糖量的检索表等。总之，测定时必须严格按照规定的条件进行操作，否则再现性不好，结果误差大。

（3）葡萄糖配制方法：称取 0.550 0g 干燥的葡萄糖（$C_6H_{12}O_6$，分析纯），溶于蒸馏水中，定容至 500mL。

（4）如为干燥样品，则称取通过 18 目筛（筛孔直径 1mm）的样品 2.500～5.000g，放入 250mL 容量瓶中。

（5）最好称取混匀的样品小块 50.0～100.0g，加 1～2 倍的水，用捣碎机捣碎后，在小烧杯中称取相当于 25.0g 新鲜样品的匀浆，转移至 250mL 容量瓶中。

（6）用蒸馏水浸提糖虽然比较经济和方便，但对于蔗糖或可溶性淀粉含量高的样品，蔗糖或淀粉会进入浸出液中而使测定结果偏高。因此，国家标准方法是用 80％乙醇浸提。方法是用 95％乙醇代替水，将样品在捣碎机中捣碎成匀浆，转入 250mL 容量瓶中，根据样品的含水量，调节乙醇的最后浓度约为 80％。按照用蒸馏水浸提的步骤进行 80℃水浴浸提、定容、过滤。吸取 100～200mL 乙醇浸出液于蒸发皿中，在 60～70℃水浴上蒸去乙醇（以免乙醇干扰测定），加少量水使沉淀物软化分解，再转入 250mL 容量瓶中，滴加 10％中性乙酸铅溶液 2～5mL，摇匀，再加入饱和 Na_2SO_4 溶液 3～10mL，用蒸馏水定容后过滤。

（7）亚甲基蓝指示剂也消耗一定量的还原糖，所以每次滴定时须按规定加入同一数量的指示剂。

（8）无色的还原型亚甲基蓝极易被大气中的 O_2 所氧化，恢复原来的蓝色，故整个滴定过程中三角瓶不能离开热源，使瓶中的溶液始终保持沸腾状态，液面覆盖水蒸气，不与空气接触。但到达终点后，因停止加热，则溶液将恢复蓝色。

（9）补加（V_1-V_2）mL 的水，可以使含糖浓度不同的待测液的反应体积与标定斐林试剂时的体积一致，减少误差。

（10）因为 10mL 斐林试剂约相当于 50mg 还原糖，所以待测糖液的浓度应以调节到 0.1%～0.3%为宜。

（11）水溶性糖总量以稀 HCl 转化后的还原糖总量表示。

（12）每分子蔗糖水解后生成一分子葡萄糖和一分子果糖，合称转化糖。

$$C_{12}H_{22}O_{11} + H_2O = C_6H_{12}O_6 + C_6H_{12}O_6$$

蔗糖的式量为 342，水解后生成的葡萄糖和果糖式量共为 360（180×2），故转化糖换算为蔗糖的因数为 342/360＝0.95。

8.4　淀粉含量的测定

淀粉是以葡萄糖为基本单位聚合而成的高分子化合物，在酶或酸的作用下，可水解成葡萄糖，因此可以通过测定还原糖的含量来计算淀粉含量。淀粉经分散和酸解的产物具有旋光性，也可用旋光法测定其含量。本实验只介绍氯化钙-乙酸浸提-旋光法，该法是谷物籽粒粗淀粉测定法的国家标准方法（1985）。此法操作简便、快速、结果重现性好，但受样品中其他具有旋光性物质的干扰，致使结果偏高，故测得结果被称为粗淀粉含量。

8.4.1　方法原理

淀粉是多糖聚合物，在一定酸度和加热条件下，以氯化钙作为淀粉的提取剂，使淀粉溶解并部分酸解，形成一定的水解产物，水解产物具有一定的旋光性，用硫酸锌-亚铁氰化钾沉淀蛋白质等后，可用旋光法测定粗淀粉含量。

比旋光度 $[\alpha]_D^{20}$ 是指 100mL 溶液中含有 100g 旋光物质，通过液层厚度（旋光管长度）1dm，在温度 20℃ 时，钠光源（$D=589.3$）偏振面所旋转的角度，即 $[\alpha]_D^{20} = \dfrac{\alpha \times V}{L \times m}$ [α 为旋光度（°）；V 为溶液体积（mL）；L 为旋光管长度（dm）；m 为旋光物质的质量（g）]。

各种淀粉水解产物的比旋光度为 203（°·mL）/（dm·g）。因淀粉的比旋光度较高，除糊精外，干扰物质的影响较小。由于直链淀粉和支链淀粉的比旋光度很相近，因此不同来源的淀粉，都可用旋光法进行测定。

8.4.2　仪器设备

1/10 000 天平、油浴装置、旋光仪。

8.4.3　试剂配制

（1）CaCl₂ - HOAc 溶液：称取 500.0g 氯化钙（CaCl₂·2H₂O，化学纯或分

析纯），溶解于 600mL 蒸馏水中，过滤。其澄清液用波美密度计在 20℃下调节溶液相对密度为 1.3 ± 0.02，此溶液约含 33% $CaCl_2$；再滴加冰乙酸（冰醋酸，CH_3COOH 或 HOAc，化学纯或分析纯），用酸度计测定，使其 pH 为 2.3 ± 0.05，每升溶液约加冰乙酸2mL。

（2）30% $ZnSO_4$ 溶液（m/V）：称取 30.0g 硫酸锌（$ZnSO_4\cdot7H_2O$，化学纯或分析纯），溶于蒸馏水中，定容至 100mL。

（3）15%亚铁氰化钾溶液（m/V）：称取 15.0g 亚铁氰化钾[$K_4Fe(CN)_6\cdot3H_2O$，化学纯或分析纯]，溶于蒸馏水中，定容至 100mL。

8.4.4 操作步骤

称取 2.500g 通过 60 目筛（筛孔直径 0.25mm）的风干样品，加入 250mL 三角瓶中（同时另称样测定水分），在水解前 5min 左右，先加入 10.0mL $CaCl_2$ - HOAc 溶液湿润样品，充分摇匀，不留结块，必要时可加几粒玻璃珠，使其加速分散，并沿瓶壁加 50.0mL $CaCl_2$ - HOAc 溶液，轻轻摇匀，避免颗粒附在液面以上的瓶壁上。加盖小漏斗，置于（119 ± 1）℃甘油浴中，须在 5min 内达到所需温度，此时瓶中溶液开始微沸，继续加热 25min（共加热 30min），取出，放入冷水中冷却至室温。将水解物全部转移至 100mL 容量瓶中，用 30mL 蒸馏水多次冲洗三角瓶，冲洗液一并移入容量瓶中。加 1mL 30% $ZnSO_4$ 溶液，摇匀，再加入 1mL 15% 亚铁氰化钾溶液，充分摇匀以沉淀蛋白质。若有泡沫，可加几滴无水乙醇消除。加蒸馏水定容，过滤，弃去 10~15mL 初滤液。

测定前用空白液（$CaCl_2$ - HOAc：水＝6：4）调节旋光仪零点，再用滤液装满旋光管（用 1 或 2 dm 旋光管），在（20 ± 1）℃下用旋光度仪测定旋光度，取两次读数平均值。

8.4.5 结果计算

$$粗淀粉含量（\%）=\frac{\alpha\times100\times f}{[\alpha]_D^{20}\times L\times m}\times100\% \qquad (8-6)$$

式中：α——样品的旋光度（°）；

100——样液定容的体积（mL）；

f——稀释倍数，如不稀释，$f=1$；

$[\alpha]_D^{20}$——淀粉的比旋光度[203（°·mL）/（dm·g）]；

L——旋光管长度（dm）；

m——烘干样品质量（g）。

测定结果保留小数后 2 位，平行测定允许相对误差≤1.0%。

8.4.6　注意事项

（1）用旋光法测定粗淀粉含量时，提取剂的浓度、pH、提取时间、温度，以及不同的蛋白质沉淀剂等，均对测定结果有影响，应使方法标准化。

（2）$CaCl_2$ - HOAc 溶液必须用 pH 计调节至 pH 为（2.3±0.02），若 pH>2.5，易使溶液黏稠，难于过滤；若 pH<2.3，易引起淀粉进一步水解而降低比旋光度。

（3）绝大多数谷物籽粒含糖和脂肪少，可不必洗糖和脱脂。如遇特殊样品（脂肪含量>5 ％，可溶性糖含量>4％），需脱脂或脱糖时，可将称样置于 50mL 离心管中，用乙醚脱脂，然后用 60％热乙醇搅拌，离心倾去上清液，重复洗至无糖为止。最后用 60.0mL $CaCl_2$ - HOAc 溶液将离心管内容物转入 250mL 三角瓶中，进行淀粉测定。

（4）将样品缩分至约 20g 后，充分风干或在 50～60℃干燥 6h 后，粉碎使95％的样品通过 60 目筛（筛孔直径为 0.25mm），混匀，称样。

（5）应防止样品黏附在瓶底而影响分散效果。

（6）$CaCl_2$ - HOAc 溶液的沸点为 118～120℃，当浴温回升到（119±1）℃时，样品中的溶液开始微沸，可根据溶液沸腾程度，校准控温仪的温度。

（7）测定空白溶液的旋光度，从待测液的旋光度中减去空白旋光度即为淀粉旋光度。

8.5　粗纤维含量的测定

纤维素是植物细胞壁的主要成分，常与木质素、半纤维素、果胶物质等伴生。同淀粉一样，纤维素也是由葡萄糖聚合而成，但纤维素中的葡萄糖由 β-1，4 糖苷键连接，纤维素分子内和分子间都可形成氢键，因此它的理化性质较稳定。测定纤维素的洗涤法就是根据纤维素化学性质稳定而用酸碱洗涤剂将样品中的其他成分如淀粉、蛋白质等除去后而用重量法测定的。长期以来。测定粗纤维常用方法是用沸热的 12.5g/L H_2SO_4 溶液处理 30min，过滤，洗尽酸后再用沸热的 12.5g/L NaOH 溶液处理 30min，从烘干残渣灼烧失重中计算样品的粗纤维含量（％）。此法操作步骤冗长，测定条件不易控制，而且样品经沸热 NaOH 溶液处理时，木质素有不等比例的溶解，使粗纤维的测得值低，从而使"无氮浸出物"含量偏高。酸性洗涤法（ADF）操作方便，是一种快速的方法，所得的"酸性洗涤纤维"包括了全部纤维素和木质素，因此通常此法的粗纤维含量测定结果比前法高。对食品和饲料而言，粗纤维是泛指食物中不被消化、分解和吸收的部分。因此酸性洗涤剂法的测定结果更有意义。

本实验介绍酸性洗涤法，该方法是谷物籽粒、饲料、水果、蔬菜粗纤维测定国家标准中所用的方法。

8.5.1 方法原理

季铵盐十六烷基三甲基溴化铵（简称 CTAB）是一种表面活性剂，在 $0.5mol/L\ H_2SO_4$ 溶液中能有效地使饲料及植物样品中蛋白质、多糖、核酸等组分水解、湿润、乳化、分散，而纤维素及木质素则很少变化。将样品用含 20g/L CTAB 的 $0.5mol/L\ H_2SO_4$ 溶液煮沸 1h，过滤，洗净酸液后烘干，由残渣重计算粗纤维含量（%）。

8.5.2 仪器设备

1/10 000 天平、干燥箱、回流装置、真空泵抽滤装置。

8.5.3 试剂配制

（1）酸性洗涤剂溶液：称取 CTAB（化学纯）20g，将其加入标定好的 $0.5mol/L\ H_2SO_4$ 溶液 1 000mL 中，摇动，使之溶解。

（2）酸洗石棉：选择一定浓度的酸性溶液，如硫酸或盐酸，将石棉样品捣碎或剪碎成适当大小，并去除其表面的杂质；将石棉样品放入酸性溶液中浸泡数小时。将处理后的石棉样品用水洗净，以去除溶液中余留的酸性物质和杂质。最后将洗净的石棉样品晾干或加热干燥。

8.5.4 操作步骤

称取通过 18 目筛（筛孔直径 1mm）的风干样品 1.000g（或相当量的鲜样），放入 250mL 三角瓶中，在室温下加入酸-洗涤剂溶液 100mL。加热，使之在 5~10min 煮沸。刚开始沸腾时计时，装上冷凝管回流 60min。注意调节加热温度，使整个回流过程始终维持在缓沸状态。

取下三角瓶，转动内容物，用已知质量的玻璃坩埚或古氏坩埚减压抽滤。过滤时，先用倾泻法过滤，将酸-洗涤剂溶液滤干后，用玻璃棒将残渣搅散，加入 90~100℃ 的热水清洗 3~4 次，减压抽滤，洗净酸液后将残渣转移入滤器中，重复水洗，仔细冲洗滤器的内壁，至酸-洗涤剂洗尽为止。用丙酮按同样方法洗涤滤器 2~3 次，直到滤出液呈无色为止。抽干滤渣中的丙酮，放入 100℃ 鼓风式干燥箱中干燥 3h，冷却后称重。

8.5.5　结果计算

$$粗纤维含量（\%）=\frac{m_2-m_1}{m}\times100\%\qquad(8-7)$$

式中：m_2——坩埚和粗纤维的总质量（g）；

　　　m_1——坩埚质量（g）；

　　　m——烘干样品质量（g）。

8.6　粗脂肪含量的测定

脂肪是各种脂肪酸的甘油三酯。植物中脂肪是各种甘油酸脂的混合物。各种脂肪的脂肪酸的不饱和性、碳链长短以及结构等不相同，其共同点是不溶于蒸馏水而易溶于许多有机溶剂中。因此，可用有机溶剂（乙醚或石油醚）将试样反复浸提，使脂肪溶解于有机溶剂中，通过除去有机溶剂后称量油的质量或称量试样的失重来测定脂肪含量。浸提时，除脂肪外，还包括一些类脂肪，如脂肪酸、磷脂、糖脂以及脂溶性色素和维生素等，故将用有机溶剂浸提出的脂肪称为粗脂肪。

8.6.1　浸提法

（1）方法原理。 根据脂肪溶于有机溶剂的特性，用乙醚或石油醚对试样进行反复浸提，使脂肪溶解于溶剂中，然后除净溶剂，称量脂肪质量。计算样品中粗脂肪含量（油重法）或由称样和残渣质量之差计算样品中粗脂肪含量（残余法）。

常用的有机溶剂是无水乙醚（沸点 34.5℃）和石油醚（沸程为 30～60℃）。乙醚溶解脂肪的能力较强，并能与酒精溶混，也能溶解相当量的水。含水或酒精的乙醚使用前必须提纯，否则样品中的水溶性或醇溶性物质也将被浸出，产生正误差。石油醚则不与水和酒精溶混。浸提法测定用的样品必须干燥和磨细，以利于脂肪的浸出。

（2）仪器设备。 1/10 000 天平、烘箱、研钵、索氏（Soxhlet）脂肪浸提器、抽提烧瓶、水浴锅、干燥器。

（3）试剂配制。

①无水乙醚（$C_4H_{10}O$，分析纯）。

②浓碱酒精洗液：45%（m/m）氢氧化钠（NaOH，化学纯或分析纯）与工业酒精按 3∶1 体积比例混合。

（4）操作步骤。

①油重法。

A. 样品制备。含油量不很高的种子（如谷物、豆类）以及作物秸秆和干草饲料等植株样品，经 105℃ 干燥约 1 h 后粉碎，通过 40 目筛（筛孔直径 0.42mm）。大粒油料种子如花生、蓖麻子仁、葵花籽仁、油桐子仁等用刀片切（或剪碎）成 0.5～1mm 薄片；小粒油粒种子如芝麻、油菜籽等则先不粉碎。样品处理后立即混匀，装入磨口瓶中备用。

B. 称样和研磨。称取上述试样 2～4g（m，精确至 0.001g，含脂肪 0.7～1g），于（105±2）℃下干燥 1 h，取出，放入干燥器中冷却至室温。同时取另一试样测定水分。将试样放入研钵内研细，必要时可加适量纯石英砂助研磨，用角勺将研细的试样移入干燥的滤纸筒（如无滤纸筒时也可使用滤纸包，其宽度不大于浸提器的内径，长度不超过浸提器的虹吸管长度）里，取少量脱脂棉蘸乙醚抹净研钵、研锤和角勺上的试样和油迹，一并投入滤纸筒或滤纸包内（已粉碎、过筛试样，不必研磨，可直接称样装入滤纸筒或滤纸包内）。滤纸筒的面层塞以脱脂棉，然后将滤纸筒放入浸提管内。

C. 浸提。用干燥无水的索氏脂肪浸提器浸提脂肪。在装有 2～3 粒浮石并已烘干至恒质量的、洁净的抽提烧瓶（m_1）中，加入瓶体 1/2 的无水乙醚，把浸提器各部分连接起来，打开冷凝水，在水浴上进行加热浸提。调节水浴温度，使冷凝下滴乙醚速率为 180 滴/min（水温为 60～70℃），浸提时间一般为 8～10 h，含油量高的作物种子，应延长浸提时间，直到浸提管内的乙醚用滤纸试验无油迹时为浸提终点。

D. 浸提结束和称量。先从浸提筒中取出滤纸筒或滤纸包，再将浸提器连接好，在水浴上加热回收抽提烧瓶中的乙醚，取下抽提烧瓶，在沸水浴上蒸去残余乙醚，再将抽提瓶放在（105±2）℃干燥箱中干燥 1 h，干燥器中冷却 45～60min 后称量，准确至 0.000 1g，再烘 30min，冷却，称量直至恒质量（m_2）。抽提烧瓶增加的质量即为粗脂肪量。烧瓶中的油应是清亮的，否则应重做。

E. 结果计算。

$$粗脂肪含量（\%）= \frac{m_2 - m_1}{m} \times 100\% \qquad (8-8)$$

式中：m_1——抽提烧瓶质量（g）；

m_2——抽提烧瓶和脂肪的总质量（g）；

m——烘干样品质量（g）。

②残余法。

A. 称样。将滤纸切成 7cm×7cm 的大小，叠成一边不封口的纸包，用铅笔编上序号，顺序排列在培养皿中，每个培养皿最多放 20 包。将培养皿和滤纸包于（105±2）℃烘箱中干燥 2 h，取出，放入干燥器中冷却至室温（45~60min），分别将各滤纸包放入各自的称量瓶中称量（m_1）。

将样品装入滤纸包中，谷物 3~5g，油粒 1g，封上包口，按原顺序放入培养皿中，于（105±2）℃烘箱中干燥 3 h，冷却后分别将各滤纸包放在原称量瓶中称量（m_2），m_2-m_1 即为烘干样品质量（g）。

B. 浸提。在脂肪抽提器抽提筒底部的溶剂回收嘴上装一短的优质橡皮管，夹上弹簧夹。将样包装入抽提筒中，抽提筒内最多可放 40 包。倒入乙醚，使之刚好超过样包高度，连接好抽提器各部分，浸泡一夜。次日，将浸泡后的乙醚放入抽提烧瓶中，并在烧瓶中加入几粒玻璃球或浮石，然后重新将乙醚倒入抽提筒中，使其浸没样包，连接好抽取器的各部分，打开冷凝水，在水浴上加热浸提，并调节水温，使其冷凝下滴的乙醚呈连珠状（回流量为 20mL/min 以上），此时水温度为 70~80℃。一般须抽提 6~8h，抽提时室温以 12~25℃ 为宜。抽提完毕，取出样包，于通风处使乙醚挥发。

C. 称量。将样包仍按原序号排列于培养皿中，放入（105±2）℃烘箱中干燥 2 h，冷却至室温后，再将各样包放在原称量瓶中称量（m_3）。m_2-m_3 即为粗脂肪质量。

D. 结果计算。

$$粗脂肪含量（\%）= \frac{m_2-m_3}{m_2-m_1} \times 100\% \qquad (8-9)$$

式中：m_1——称量瓶和滤纸包的总质量（g）；

m_2——称量瓶、滤纸包和烘干样品的总质量（g）；

m_3——称量瓶、滤纸包和抽提脂肪后样品的总质量（g）。

测定结果保留小数后 2 位。平行测定结果允许相对误差谷物≤5%，大豆≤2%，油料≤1.5%。

(5) 注意事项。

①乙醚浸提法测定的是游离态脂肪，不包括结合态脂肪。

②也可用石油醚浸提。

③纸包必须包好，严防样品漏出。

④乙醚、石油醚沸点低，易着火，浸提时室内严禁有明火。应注意控制浸提温度，勿使逸出的乙醚过多。

⑤烧瓶中的油可用浓碱、酒精、洗液洗涤。

8.6.2 折光法

(1) 方法原理。利用种子中的油和某些有机溶剂的折光率有较大差别这一特性来进行样品含油量的测定。用折光率高的非挥发性有机溶剂浸提样品，由于油的折光率较低，溶剂溶解样品中的油后，溶液的折光率必须低于溶剂，降低的值与溶解的油量成正比。因此，可由折光率的下降程度来测量样品的含油量。

本法适用于大批同一种类油料种子样品（例如大豆、亚麻、油桐、花生、芝麻、向日葵、油菜、玉米等种子）含油量的测定，操作简单快速，结果准确可靠，但需用精密折光仪，并准确测量温度。

（2）仪器设备。 1/100 天平、研钵、折光仪。

（3）试剂配制。 标准溶剂：用 74 份（质量计）α-氯萘（密度 1.193 8，$n^{20}=$ 1.633 21），与 26 份 α-溴萘（液体或柱状固体，$n^{20}=1.658\ 50$）混合，添加任一溶剂，配制成 $n^{20}=1.639\ 40$ 的标准溶剂，储存于棕色瓶中，大约每星期校正其折光率一次。

（4）操作步骤。 称取通过 40 目筛（筛孔直径 0.42mm）的样品 2.0～2.5g，放入预热至约 60℃ 的 8cm 瓷研钵中，加纯净石英砂约 1.5g，再加 5.00mL 标准溶剂，用力研磨 3min，用干的无脂肪的 5cm 滤纸过滤。取 1～2 滴清液，用折光仪测定折光率，精确至 0.000 02。测定的同时读记温度，精确至 0.1℃，计算样品的含油量。

（5）结果计算。

$$种子含油量（\%）=\frac{V_1\times d_2\times(n_1-n_3)}{m\times(n_3-n_2)}\times100\%\qquad(8-10)$$

式中：V_1——标准溶剂的体积（mL）；

$\quad\quad d_2$——油的密度（g/cm³）；

$\quad\quad n_1$——标准溶剂的折光率；

$\quad\quad n_2$——油的折光率（以实测为准），如大豆油折光率为 1.473 02；

$\quad\quad n_3$——测得油与溶剂混合物的折光率；

$\quad\quad m$——样品质量（g）。

（6）注意事项。

①校正折光率时温度必须准确至 0.1℃。此溶剂折光率的温度校正系数为 0.000 45/℃。比 25℃ 每高 1℃，测定值应加 0.000 45；每低 1℃，测定值应减 0.000 45。

②标准溶剂密度较大，所以必须准确地量取标准溶剂的体积，最好用校准过的、流液时间不少于 15s 的 5mL 移液管。

③溶液折光率的温度校正系数：大豆油溶液，0.000 43/℃；亚麻油溶液，0.000 42/℃。

④油相对密度的测定：将密度瓶洗净，无油脂，装入刚沸过而冷却至约

20℃的水，放在 25℃恒温水浴中，30min 后，调节密度瓶内的水面到标线，加塞。从水浴中取出，用洁净布擦干，称量。再将密度瓶中的水倒空，烘干，称量。这两次质量之差即为 25℃时瓶内所装的水质量（A）。再在此干燥的密度瓶中装满温度约为 20℃的油样，放入 25℃恒温水浴中 30min，调节油液面到标线，加塞。由水浴中取出，擦干，称量。计算瓶内所盛油的质量（B）。B/A 即为 25℃时油的相对密度。同一种类种子的油的相对密度可当作定值，品系间的差别可略而不计。

⑤纯油的折光率的测定：取约 5g 种子粉样，用大约 25mL 乙醚或石油醚浸提并淋洗，过滤，除尽溶剂后即得纯油，测其折光率。同一种类种子的油的折光率可当作定值，品系间的差别可略而不计。

8.7　有机酸含量的测定

有机酸广泛存在于植物体中，例如在果蔬中主要含有苹果酸、柠檬酸、酒石酸、琥珀酸、乙酸和草酸等。它们属于弱酸类，常以游离态及钾、钠、钙盐的形式存在于植物体内，其成分及含量与植物品种、栽培条件及生长状况密切相关。有机酸作为酸味成分，一定的酸度含量可增加果蔬的风味，但过高时又显示出不良的品质。因此，测定果蔬的酸度及其与糖含量的比值，能判断果蔬的成熟度和品质，而且有机酸在食品的加工、贮存、品质管理、评价以及生物化学等领域，被认为是重要的成分，要求对农产品中的总酸、特定的有机酸进行定量，并分析全部有机酸的组成。

酸度的测定包括总酸度（可滴定酸度）、有效酸度（氢离子活度、pH）和挥发性酸。总酸度是所有酸性成分的总量，通常用标准碱来测定，并以样品中所含主要酸的质量分数（％）表示。有的农产品由于缓冲作用和色素的影响，往往难以判断滴定终点，在这种情况下，可以使用电位滴定法。人们在味觉中的酸度，主要不取决于酸的总量，而是取决于离子状态的那一部分酸（游离酸），一般以氢离子浓度（pH）来表示，称为有效酸度。测定 pH 的方法很多，其中以 pH 计测定较为准确、简便。各种有机酸的分离和定量，可用柱层析法、纸层析法、气相色谱法和羧酸分析仪法。

8.7.1　总酸度含量的测定

(1) 方法原理。样品中的有机酸用碱滴定时，被中和生成盐类。反应式如下：

$$RCOOH + NaOH \longrightarrow RCOONa + H_2O$$

用酚酞作指示剂，它在 pH 约 8.2 时达到滴定终点。根据 NaOH 的消耗量来计算有机酸的含量。

（2）仪器设备。 1/100 天平、高速组织捣碎机。

（3）试剂配制。

①0.1mol/L NaOH 标准溶液：称取 4g 氢氧化钠（NaOH，分析纯），溶于约 800mL 蒸馏水中，冷却后定容至 1L，标定。

②10g/L 酚酞乙醇溶液：称取 1g 酚酞，溶于 100mL 乙醇（C_2H_6O，分析纯）中。

（4）操作步骤。

在小烧杯中称取捣碎均匀样品 10～20g，用约 150mL 蒸馏水将其移入 250mL 容量瓶中，充分摇匀后稀释定容。用干滤纸过滤，取滤液 50mL，加入 3～4 滴酚酞指示剂，用 0.1mol/L NaOH 标准溶液滴定至微红色 1min 内不褪色为滴定终点。

（5）结果计算。

$$总酸度（\%）=\frac{c \times V \times 10^{-3} \times K \times \frac{250}{50}}{m} \times 100\% \qquad (8-11)$$

式中：c——NaOH 标准溶液的浓度（mol/L）；

V——NaOH 标准溶液所用体积（mL）；

K——1mol NaOH 相当于主要酸的克数（g/mol）：苹果酸 0.067g/mol，柠檬酸 0.064g/mol，含 1 分子水的柠檬酸 0.070g/mol，乙酸 0.060g/mol，酒石酸 0.075g/mol，乳酸 0.090g/mol；

$\frac{250}{50}$——分取倍数；

m——样品质量（g）。

（6）注意事项。

①本试验所用蒸馏水应经煮沸除去二氧化碳。

②若颜色过深，可先加入等量蒸馏水稀释后再滴定。终点不易辨认时，可用原样作对比，判明终点，也可改用电位滴定法或电导滴定法。

③一般葡萄的总酸度用酒石酸表示，柑橘的总酸度用柠檬酸表示，核仁、核果及浆果类的总酸度用苹果酸表示，牛乳的总酸度用乳酸表示。

8.7.2　挥发性酸含量的测定

挥发性酸主要是指甲酸、乙酸、丁酸等。霉烂的果蔬、籽粒，未成熟的种子和果实，常含有较多的挥发性酸，其含量是农产品品质好坏的一个重要指标。挥发性酸包括游离态和结合态两部分。前者在蒸馏时较易挥发，后者挥发比较困难。测定挥发性酸的方法有直接法和间接法。直接法是用碱液滴定由蒸馏或其他方法所得的挥发性酸；间接法是将挥发性酸蒸发除去后，滴定残渣的不挥发性酸含量，再由总酸含量减去此残渣酸含量即得挥发性酸含量。一般用直接法较为方便。

（1）方法原理。 可用蒸馏水蒸气使挥发性酸分离，加入磷酸可以使结合的挥发性酸离析。挥发性酸经冷凝收集后，再用标准碱滴定。

（2）仪器设备。 水蒸气蒸馏装置。

（3）试剂配制。

①1∶9 磷酸 $[c(H_3PO_4)=1.70g/mL]$ 溶液：取 1 体积磷酸（H_3PO_4，分析纯）与 9 体积的蒸馏水混合。

②0.1mol/L NaOH 标准溶液：称取 4g 氢氧化钠（NaOH，分析纯），溶于约 800mL 蒸馏水中，冷却后定容至 1L，标定。

③10g/L 酚酞乙醇溶液：称取 1g 酚酞（$C_{20}H_{14}O_4$，分析纯），溶于 100mL 乙醇（C_2H_6O，分析纯）中。

（4）操作步骤。 准确称取 2.00～3.00g 均匀样品（挥发性酸少的可酌量增加），用无二氧化碳蒸馏水 50mL 洗入 250mL 烧瓶中，加入 1∶9 磷酸溶液 1mL。接水蒸气蒸馏装置，加热蒸馏至馏出液为 300mL 停止。在严格相同的条件下做空白试验（蒸汽发生瓶内的水必须预先煮沸 10min，以除去二氧化碳）。馏出液加热至 60～65℃，加入酚酞指示剂 3～4 滴，用 0.1mol/L NaOH 标准溶液滴至红色 1min 不褪色为滴定终点。

（5）结果计算。

$$挥发性酸含量（以乙酸计,\%）=\frac{C\times(V_1-V_2)\times10^{-3}\times0.06}{m}\times100\%$$

$$(8-12)$$

式中：C——NaOH 标准溶液的浓度（mol/L）；

V_1——样液滴定时所用 NaOH 标准溶液的体积（mL）；

V_2——空白滴定时所用 NaOH 标准溶液的体积（mL）；

10^{-3}——将 mL 换算为 L 的系数；

0.06——1mol NaOH 相当于乙酸的质量（0.06g/mol）；

m——样品质量（g）。

8.7.3 水果和蔬菜等有机酸组分的测定（高效液相色谱法）

有机酸是果蔬的主要成分之一。果蔬中有机酸的种类和含量变化很大，这些变化由品种、成熟度、气候条件及其他因素决定。常用气相色谱法、薄层色谱法、高效液相色谱法来测定有机酸组分。

（1）方法原理。 样品经处理后，直接将样品液注入反相化学键合相色谱体系，以 5g/L 磷酸氢二铵为流动相，有机酸在两相中分配分离，按照其碳原子数由少到多的顺序从色谱柱中洗脱下来。用紫外检测器（214nm）或示差折光检测器检测并与标准样品比较定量。

（2）仪器设备。 高效液相色谱仪、C_{18} 色谱柱（Synergl 4μm Hydro - RP）、紫外检测器及微量注射器。

（3）试剂配制。

①酒石酸、苹果酸、柠檬酸、琥珀酸等所需测定的有机酸标准样品。

②Sep - PAK C_{18} 净化柱。

③5g/L $(NH_4)_2HPO_4$：称取 5g 磷酸氢二铵 $[(NH_4)_2HPO_4$，分析纯]，溶于 1L 蒸馏水中，用磷酸（H_3PO_4，分析纯）调至 pH 2.5，经 0.45μm 微孔滤膜过滤，离心脱气后使用。

④0.01mol/L NaOH 溶液：称取 4g 氢氧化钠（NaOH，化学纯或分析纯），溶于约 800mL 蒸馏水中，冷却后用蒸馏水定容至 1L，该溶液浓度为 0.1mol/L，再将该溶液稀释 10 倍配制成 0.01mol/L NaOH 溶液。

（4）操作步骤。

①有机酸标准溶液的制备。分别取适量有机酸单个标准样，如酒石酸、苹果酸、柠檬酸、琥珀酸加入 25mL 容量瓶中，用 0.01mol/L NaOH 溶液溶解后定容，参照不同有机酸含量范围配制标准浓度系列。

②样品溶液的制备。对于液体样品需经合适倍数稀释，用 Sep - PAK C_{18} 净化柱处理，收集馏出液，经 0.45μm 微孔滤膜过滤后备用。对于固体或半固体样品，要将其捣碎，均质后，加入一定量的 0.01mol/L NaOH 溶液提取。经离心分离或过滤后收集提取液，用 Sep - PAK C_{18} 净化柱处理，收集馏出液，经 0.45μm 微孔滤膜过滤后备用。

③色谱条件。

固定相：C_{18} 键合相。

流动相：5g/L $(NH_4)_2HPO_4$，pH 2.5。

流速：2mL/min。

进样盘：10μL。

检测器：紫外检测器，214nm，检测器灵敏度为 0.1AUFS（absorbance unit full scale，全方位吸光度单位）。

④测定与计算。

A. 将待测样 10μL 注入色谱仪，根据其峰高或峰面积设定有关最佳参数，如最小峰面积。

B. 注入有机酸标准系列溶液 10μL，进行色谱分析。

C. 以各标准溶液的保留时间定性。

D. 根据有机酸标准系列溶液各响应值（峰高或峰面积），绘制响应值与浓度的标准曲线。

E. 分别注入待测样品 10μL，进行色谱分析。

F. 根据各待测样品的响应值，在标准曲线上查出其相应的含量。

若高效液相色谱仪配有微处理机，则不必配制系列标准溶液，只要选择与待测分析样品浓度相近的（+10%以内）标准溶液注入色谱仪，仍以保留时间定性，根据标准样品的响应值由计算机计算出校正因子，再由计算机用比例计算法进行定量计算。

8.7.4 有机酸组分的测定（气相色谱法）

(1) 方法原理。 在硫酸的催化下，有机酸成为丁酯的衍生物，用气相色谱法分别定量。可定量的有机酸有甲酸、乙酸、丙酸、正丁酸、异丁酸、乳酸、异戊酸、正己酸异己酸、乙酰丙酸、草酸、丙二酸、琥珀酸、反丁烯二酸、酒石酸、苹果酸、反丙烯三羧酸及柠檬酸等。

(2) 仪器设备。

①气相色谱仪：装有氢火焰离子检测器、程序升温装置和自动记录器。

②柱：填充 100g/kg Silicone DC560、DiasolidL（60~80 目）的 ϕ3mm×2m 玻璃柱或不锈钢柱。

③电热板：功率 50W。

④试样前处理用柱：ϕ10mm×70mm 玻璃柱 2 根。

⑤旋转蒸发仪。

⑥ 滑线变压器。

(3) 试剂配制。

①离子交换树脂。使用 Amberlite（一种人工合成的酚甲醛离子交换树脂）CG120、Amberlite CG4B（或 Amberlite IRA410）。

②将上述有机酸分别配成已知浓度的标准有机酸，分析时需要的酸的最小含量，因酸的种类不同而异：甲酸、乙酸等低分子酸为 1mg 左右；苹果酸、柠檬酸等为几毫克；酒石酸如少于 10mg 便不能获得高精度的分析结果。

③800mL/L 乙醇：取 800mL 无水乙醇（C_2H_6O，分析纯），溶于 1L 水中。

(4) 操作步骤。

①试样准备。

A. 蔬菜：把样品切成长 3mm 左右，称取 25.0g，加适量温水（80℃），部分蔬菜可用 800mL/L 乙醇代替水研磨，提取 2 次，合并提取液，加酚酞指示剂，用 0.1mol/L NaOH 溶液滴定，求总酸量，同时使有机酸成为钠盐。中和后的溶液，在 40℃下用旋转蒸发器浓缩至约 15mL，浓缩液移入 25mL 容量瓶中并定容。必要时可过滤除去不溶物。

吸取此提取液 10mL（用 Amberlite CG120 柱、Amberlite CG4B 柱处理），得到有机酸组分，将其酯化，供气相色谱分析用。

B. 水果：从新鲜水果样品中称取 20.0g，加 60mL 的 800mL/L 乙醇研磨，离心分离后，收集上清液，残渣再反复提取 2 次，合并提取液，加酚酞指示剂，用 0.1mol/L NaOH 溶液中和。在 80℃ 恒温水槽中加热 10min 后，定容至 200mL，使用前保存于冰箱中。

取此提取液 10～50mL，用旋转蒸发仪浓缩至无醇后，依次通过 Amberlite CG120 柱、Amberlite CG4B 柱及 Amberlite CG 120 柱，得到有机酸组分，加入酚酞指示剂并滴定，求出总酸含量。然后保存于约 40℃下，用旋转蒸发器浓缩，干涸后进行丁酯化处理。

②酯化。在用上述方法制备的有机酸中加丁醇 2mL、无水硫酸钠 2g、浓硫酸 0.2mL，连接冷凝管，在电热板上平稳沸腾约 30min（加热时要不断搅拌），使有机酸成为丁酯。

③酯的提取。酯化终了，加蒸馏水和己烷各 5mL，充分混合，使酯转溶于己烷中，每次用己烷 5mL，提取 3 次。用移液管将其移入 20mL 容量瓶中，容量瓶中事先已装有 5g/L 十九烷（内标）的己烷溶液 1mL，用己烷定容。加无水硫酸钠 0.5g，去除混入的微量硫酸。取 5μL 进行气相色谱分析。

④分析。柱子在 60℃下保持 6min 后，以每分钟升温 5℃的速度升至 250℃。氮气、氢气、空气的流量分别为 60mL/min、50mL/min、900mL/min，注入口及检测器的温度为 260℃。灵敏度为 10MΩ，范围为 0.01V。

⑤标准曲线。将已知浓度的标准有机酸用上述方法制成丁酯后，用气相色谱仪分析，绘制标准曲线。

（5）注意事项。

①蔬菜中的有机酸，50%～90%以结合酸的形式存在，用 800mL/L 乙醇提取比用温水的提取率低。

②提取液所含总有机酸换算成柠檬酸要在 100mg 以下。分析蔬菜时吸取提取液 10～20mL。

③薯类的温水提取试样，用离子交换树脂处理需要较长的时间，所以用 800mL/L 乙醇提取试样，馏去乙醇后，进行离子交换树脂处理。

④大部分蔬菜试样有时混入一些丁醇不溶物或酯化反应液呈浅褐色，对测定值无影响。

⑤对于含结合酸多的水果，用温水提取的提取率高。但果胶等混入，黏度将增大，往往会增加以后的处理难度，故乙醇的浓度应选择适当。

⑥ 提取液所含的总有机酸换算成柠檬酸要在 100mg 以下，水果提取液的量以相当于鲜重 1～10g 的试样为宜。

⑦ 浓缩使用旋转蒸发仪即可，如能进行冷冻干燥则更好。

⑧ 浓缩使用油浴也可以，使用电热板从试管底部加热方便。沸腾激烈时用滑线变压器调节。

8.8　维生素C含量的测定

维生素 C 又称为抗坏血酸。天然维生素 C 有还原型和脱氢型两种，它们都具有生物活性，同属于有效维生素 C。脱氢型维生素 C 容易发生内脂环水解而生成没有生物活性的二酮古洛糖酸。还原型维生素 C 和脱氢型维生素 C 以及二酮古洛糖酸合称为总维生素 C。

维生素 C 的测定方法很多，常用的化学方法有 2,6-二氯靛酚滴定法、2,4-二硝基苯肼吸光光度法、荧光光度法等。本实验介绍国家标准中 2% 草酸浸提，然后用 2,6-二氯靛酚滴定法。

8.8.1　方法原理

样品中的维生素 C 虽易溶于蒸馏水中，但需用酸性浸提剂（2% 草酸或偏磷酸）来浸提，以防还原型抗坏血酸被空气中的氧所氧化。浸出液中的还原型抗坏血酸可用 2,6-二氯靛酚滴定法测定。

2,6-二氯靛酚是一种染料，其颜色随氧化还原状态和介质的酸碱度而异。氧化态在碱性介质中呈蓝色，在酸性介质中呈浅红色，而还原态在酸性或碱性介质中均为无色。

还原型抗坏血酸分子结构中有烯醇结构（—C=C—），因此，具有还原性，能将 2,6-二氯靛酚（氧化态）还原成无色化合物，而还原型抗坏血酸则被氧化成脱氢型抗坏血酸。

根据上述性质，可用 2,6-二氯靛酚（氧化态）的碱性溶液（蓝色标准溶液）滴定酸性浸出液中的还原型抗坏血酸，至溶液刚变浅红色为止。由 2,6-二氯靛酚溶液的用量即可计算样品中维生素 C 的浓度。滴定终点的浅红色是刚过量的未被还原的 2,6-二氯靛酚在酸性介质中的颜色。

本法操作简便、快速，适用于果品、蔬菜及其加工制品中还原型维生素 C 的测定，不包括脱氢型维生素 C。样品中如含有 Fe^{2+}、Sn^{2+}、Cu^+、SO_3^{2-}、$S_2O_3^{2-}$ 等还原性杂质，则有干扰。

8.8.2　仪器设备

1/100 天平、高速组织捣碎机。

8.8.3　试剂配制

（1）2% 草酸溶液：称取 20g 草酸（$H_2C_2O_4$，分析纯）溶于 1L 水中，储存于避光处。

（2）2,6-二氯靛酚溶液：称取 0.052g 碳酸氢钠（$NaHCO_3$，分析纯），溶解于 200mL 蒸馏水中，然后称取 0.050g 2,6-二氯靛酚（2,6-二氯靛酚-吲哚酚钠盐，$NaOC_6H_4NC_6H_2OCl_2$，分析纯），溶解于温热（$<40℃$）的上述 $NaHCO_3$ 溶液中。冷却后定容至 250mL，过滤至棕色瓶内，保存于冰箱。每次使用前，用抗坏血酸标定其浓度。

（3）抗坏血酸标准溶液 [$c(C_6H_8O_6)=0.05mg/mL$]：称取 0.025 0g 抗坏血酸（$C_6H_8O_6$，分析纯），溶于 2% 草酸中，用 2% 草酸定容至 500mL（应现配现用）。

（4）白陶土（高岭土）。

8.8.4　操作步骤

（1）2,6-二氯靛溶液的标定。 吸取含抗坏血酸 0.05mg/mL 的标准溶液 10.00mL（V）于 50mL 三角瓶中，用 2,6-二氯靛酚溶液滴定，直至溶液呈粉红色 15s 不褪色为止（V_1）。同时做空白试验，即用 2,6-二氯靛酚溶液滴定 10mL 2% 草酸溶液（V_0），以检查草酸中的还原性杂质量（一般 V_0 介于 0.08～0.1mL）。

（2）样品的测定。 称取有代表性的样品 100g，放入捣碎机中，加入 100mL 2% 草酸溶液，迅速捣成匀浆。在小烧杯中称取 10.0～40.0g 浆状样品，用 2% 草酸溶液将样品移入 100mL 容量瓶中，并用草酸定容（如有泡沫可加入 1～2 滴辛醇），摇匀过滤。若滤液有色，可按每克样品加 0.4g 白陶土脱色，再次过滤。

吸取滤液 10.00mL 于 50mL 三角瓶中，用已标定过的 2,6-二氯靛酚溶液滴定，直至溶液呈粉红色 15s 不褪色为止。

8.8.5 结果计算

$$T = \frac{c \times V}{V_1 - V_0} \qquad (8 - 13)$$

$$维生素 C 含量（mg/kg）= \frac{(V_2 - V_0) \times T}{m} \times 1\,000 \qquad (8 - 14)$$

式中：T——2,6-二氯靛酚滴定剂的滴定度（mg/mL）；

    c——维生素 C 标准液浓度（mg/mL）；

    V——吸取维生素 C 标准液体积（mL）；

    V_1——滴定维生素 C 标准液所消耗的 2,6-二氯靛酚标准液体积（mL）；

    V_0——滴定试样液所消耗的 2,6-二氯靛酚标准液体积（mL）；

    V_2——滴定空白液所消耗的 2,6-二氯靛酚标准液体积（mL）；

    m——滴定时所吸取滤液中的样品质量（g）。

8.8.6 注意事项

（1）还原型维生素 C 易受氧化酶作用而被空气中的氧所氧化，很不稳定，酸性浸提剂能抑制酶的活性，减少还原型维生素 C 的氧化。

（2）也可用 2%（m/V）偏磷酸为浸提剂。偏磷酸不稳定，切勿加热。

（3）草酸溶液不应曝置于日光下，以免产生过氧化物。当有催化剂（如 Cu^{2+}）存在时，过氧化物能破坏维生素 C。

（4）干燥的 2,6-二氯靛酚试剂或其溶液长久储存，有时含有分解产物，已不适用于维生素 C 的测定。因此，使用前应进行检查。检查方法：取 15mL 2,6-二氯靛酚溶液，加入过量的维生素 C 溶液（溶于 2%草酸溶液中），若还原后的溶液有颜色，表示此试剂已不能使用。

（5）维生素 C 的纯度应为 99.5%以上。如试剂发黄则弃去不用。

（6）还原型维生素 C 容易氧化，在制备浸出液和测定时应尽量缩短操作时间，避免和铁、铜等金属接触，因为微量的铁，特别是铜，会促使维生素 C 的破坏。

（7）样品含水量少时，可增加样液比为 1∶2 或 1∶3。

（8）无组织捣碎机时，可将样品 5.00~20.00g 放于瓷研钵中，加入适量纯石英砂和 2%草酸溶液在研钵中研磨至浆状，全部移入 100mL 容量瓶中并定容。石英砂须先用（1+1）HCl 浸泡 2h，然后用蒸馏水洗至无 Cl^- 后使用。

（9）样品中可能有其他还原性杂质也能使 2,6-二氯靛酚还原，但一般杂质还原的速度较慢，故滴定维生素 C 的终点以浅红色在 15s 内不褪色为准。

8.9 可溶性固形物含量的测定

8.9.1 方法原理

在 20℃用折射仪测定试样溶液的折射率，从仪器的刻度尺上直接读出可溶性固形物的含量。

8.9.2 仪器设备

折射仪、恒温水浴锅、高速组织捣碎机、1/100 天平。

8.9.3 操作步骤

(1) 试样准备。

①新鲜果实：取试样的可食部分，切碎、混匀，称取 250.0g（精确至 0.1g），放入高速捣碎机捣碎，用两层擦镜纸或纱布挤出匀浆汁液测定。

②干制品：把试样可食部分切碎，混匀，称取 10.00～20.00g（精确至 0.01g），放入称量过的烧杯中，加入 5～10 倍蒸馏水，置沸水浴上浸提 30min，不时用玻璃棒搅动。取下烧杯，待冷却至室温，称量（精确至 0.01g），过滤。

③酱体制品（如果酱、果冻等）：称取 20.00～25.00g（精确至 0.01g），放入预先称量好的烧杯中，加入 100～150mL 蒸馏水，用玻璃棒搅拌均匀，在电热板上加热至沸腾，轻沸 2～3min，放置冷却至室温，再次称量，精确至 0.01g，然后通过滤纸或布氏漏斗过滤，滤液供测定用。

④液体制品（如澄清果汁、糖液等）：试样混匀后直接用于测定，浑浊制品用双层擦镜纸或纱布挤出汁液测定。

(2) 测定。调节恒温水浴循环水温度在（20±0.5）℃，使水流通过折射仪的恒温器。循环水也可在 15～20℃范围内调节，温度恒定不超过±0.5℃。用蒸馏水校准折射仪读数，在 20℃时将可溶性固形物调整至 0％；温度不在 20℃时，按表 8-1 的校正值进行校准。将棱镜表面擦干后，滴加 2～3 滴待测样液于棱镜中央，立即闭合上下两块棱镜，对准光源，转动消色调节旋钮，使视野分成明暗两部分，再转动棱镜旋钮，使明暗分界线处在物镜的十字交叉点上，读取刻度尺上所示百分数，并记录测定时的温度。

表 8-1 折射仪测定可溶性固形物温度校正

温度/℃	可溶性固形物读数/%										
	0	5	10	15	20	25	30	40	50	60	70
	应减去的校正值/%										
15	0.27	0.29	0.31	0.33	0.34	0.34	0.35	0.37	0.38	0.39	0.40
16	0.22	0.24	0.25	0.26	0.27	0.28	0.28	0.30	0.30	0.31	0.32
17	0.17	0.18	0.19	0.20	0.21	0.21	0.21	0.22	0.22	0.23	0.24
18	0.12	0.13	0.13	0.14	0.14	0.14	0.14	0.15	0.15	0.16	0.16
19	0.06	0.06	0.06	0.07	0.07	0.07	0.07	0.08	0.08	0.08	0.08
	应加上的校正值/%										
21	0.06	0.07	0.07	0.07	0.07	0.08	0.08	0.08	0.08	0.08	0.08
22	0.13	0.13	0.14	0.14	0.15	0.15	0.15	0.15	0.16	0.16	0.16
23	0.19	0.20	0.21	0.22	0.22	0.23	0.23	0.23	0.24	0.24	0.24
24	0.26	0.27	0.28	0.29	0.30	0.30	0.31	0.31	0.31	0.32	0.32
25	0.35	0.35	0.36	0.37	0.38	0.38	0.398	0.40	0.40	0.40	0.40

8.9.4 结果计算

(1) 温度校正。测定温度不在 20℃ 时，查表 8-1 将检测读数校正为 20℃ 标准温度下的可溶性固形物含量。

(2) 计算公式。未经稀释的试样，温度校正后的读数即为试样的可溶性固形物含量；稀释过的试样，可溶性固形物的含量按下式计算：

$$可溶性固形物（\%）= P \times \frac{m}{m_0} \qquad (8-15)$$

式中：P——测定液可溶性固形物含量（%）；

$\qquad m_0$——稀释前试样质量（g）；

$\qquad m$——稀释后试样质量（g）。

9 植物生理指标分析

9.1 根系活力的测定

9.1.1 方法原理

根系是植物吸收水分和矿质元素的主要器官，也是许多有机物的初级合成场所，因此，根系的活力直接影响植物的生长发育，是植物生长发育的重要生理指标之一。具有活力的根在呼吸代谢过程中产生的还原物质 NAD (P) $H+H^+$ 等，能将无色的氯化三苯基四氮唑（又称为 2,3,5 -三苯基氯化四氮唑，TTC）还原为不溶于蒸馏水的红色的三苯基甲腙（TTF）。反应式如下：

根系的活力越高，产生的 NAD (P) $H+H^+$ 等还原物质越多，则生成的红色 TTF 越多。TTF 溶于乙酸乙酯，并在波长 485nm 处有最高吸收峰，因此，可用分光光度计定量测定。根系活力的大小以其还原四氮唑的能力来表示。

9.1.2 仪器设备

分光光度计、1/100 天平、恒温水浴锅、研钵。

9.1.3 试剂配制

（1）乙酸乙酯（$C_4H_8O_2$，分析纯）。

（2）石英砂（分析纯）。

（3）硫代硫酸钠（$Na_2S_2O_3$，分析纯）粉末。

（4）0.5% TTC 溶液：准确称取 0.5g TTC（分析纯），溶于少量乙醇（C_2H_6O，分析纯）中，用蒸馏水定容至 100mL。

（5）1/15mol/L pH7.0 磷酸缓冲液。

溶液①：称取 11.876g 磷酸氢二钠（$Na_2HPO_4 \cdot 2H_2O$，分析纯），溶于蒸馏水中，定容至 1L。

溶液②：称取 9.078g 磷酸二氢钾（KH_2PO_4，分析纯），溶于蒸馏水中，定容至 1L。

用时吸取溶液①60mL 和溶液②40mL，混匀。

（6）1mol/L 硫酸：量取 55mL 浓硫酸（H_2SO_4，分析纯），边搅拌边加入放有约 600mL 蒸馏水的烧杯中，定容至 1L。

9.1.4 操作步骤

（1）TTC 标准曲线的制作：取 0.5% TTC 溶液 0.2mL 放入比色管中，加入乙酸乙酯 9.8mL，再加极少量的 $Na_2S_2O_3$ 粉末摇匀，即产生红色的 TTF 溶液，此 TTF 溶液浓度为 100mg/mL。分别吸取该溶液 0mL、0.1mL、0.2mL、0.3mL、0.4mL 和 0.5mL 于 10mL 的刻度比色管中，用乙酸乙酯定容至刻度，即得到浓度为 0μg/mL、10μg/mL、20μg/mL、30μg/mL、40μg/mL 和 50μg/mL 系列标准溶液。以空白溶液作参比，在分光光度计上于波长 485nm 处测定吸光度，以吸光度为纵坐标，TTC 浓度为横坐标，绘制标准曲线。

（2）将根系洗净，擦干表面水分，称取根尖组织 0.3g，放入小烧杯中，加入 0.5% TTC 溶液和 1/15mol/L pH7.0 磷酸缓冲液各 5mL，使根系充分浸没在溶液内，在 37℃水浴中保温 1 h，然后立即加入 1mol/L 硫酸 2mL，以终止反应。与此同时做空白试验，先加入 1mol/L 硫酸 2mL，再称取根尖组织 0.3g，放入小烧杯中，加入 0.5% TTC 溶液和 1/15mol/L pH 7.0 磷酸缓冲液各 5mL，使根系充分浸没在溶液内，在 37℃水浴中保温 1h。

（3）分别将根取出，用自来水冲洗干净，擦干表面水分，置于研钵中，加入 3～5mL 乙酸乙酯和少量石英砂研磨以提取出 TTF。将红色提取液小心移入 10mL 容量瓶中，用少量乙酸乙酯洗涤残渣 2～3 次，最后用乙酸乙酯定容至刻度，用分光光度计于波长 485nm 下比色。

（4）从标准曲线上查出提取液 TTC 的浓度，计算 TTC 还原量。

9.1.5 结果计算

以 1h 后 1g 根系样品 TTC 还原强度表示根系活力。计算公式如下：

$$根系活力\ [\mu g/\ (g \cdot h)] = \frac{C \times V}{m \times t} \tag{9-1}$$

式中：C——提取液 TTC 的浓度（$\mu g/mL$）；

V——提取液体积（mL）；

m——鲜根质量（g）；

t——时间（h）。

9.2　光合和蒸腾速率的测定

9.2.1　方法原理

用 LI-6400 便携式光合测定仪将气体分析器安装于传感器头部，它对光合和蒸腾作用的测定是基于流经叶室的气流中 CO_2 和 H_2O 差异，严格准确地反映出叶子的变化。气孔关闭，控制系统立即检测到水汽的变化并且进行平衡；光照的突然变化会导致光合速率的突然变化，控制系统立即检测到 CO_2 的浓度变化。

9.2.2　仪器设备

LI-6400 便携式光合测定仪（美国 LI-COR 公司）。

9.2.3　操作步骤

(1) 装机。 连接缓冲瓶，并将缓冲瓶置于空气流动相对稳定的地方。

(2) 预热。 接通电源，打开 LI-6400 便携式光合测定仪，开始预热。在程序运行过程中，不允许连接或拆卸红外线气体分析仪（IRGA）叶室，只有在休眠状态下方可进行。运行中仪器会显示所有配置方式，并显示要进入何种配置方式，按需进行选择。IRGA 叶室通常需预热 20min。

(3) 仪器校正。

①流量校正。关闭空叶室（调节叶室上方旋钮使叶室闭合，不留缝隙，但不宜太紧），进入"Calib Menu"（按 F3）中，校正自动进行，10 s 后，流量计信号应在（0±1）mV 范围内，按 F5 退出。

②IRGA 校正。关闭空叶室，还是在"Calib Menu"（按 F3）中，选择"IR-GA Zero"将碱石灰管和干燥剂管上端的调节螺母指向"Full Scrub"位置，等待约 15min 进行稳定，然后按"Auto All"键运行校正程序。校正后对照室和样品室中的 CO_2 值应在 $\pm 0.5\mu mol/mol$ 以内，H_2O 值应在 $\pm 0.005mmol/mol$ 以内，校正完毕按"Quit"键退出。

③存储校正。在"Calib Menu"（按 F3）中，选择"View，Store Zero&Spans"。按提示进行存储操作。退出"Calib Menu"（按 ESC）。

（4）测定。首先将碱石灰管旋钮由"Scrb"位置扭至"Bypass"位置，干燥剂管旋钮置于中间最松处。然后进入"New Msmnts"（按 F4）中，关闭空叶室。运行 1～2min（CO_2R 和 CO_2S 值稳定）后，按"Match"（按 F5）键，等待后按"IRGA Match"键进行匹配，消除系统误差。可看到 CO_2R 和 CO_2S 值相等，按"Exit"键退出。接着夹叶片，确保叶片清洁无杂物，用直尺测出其宽度后夹入叶室内；起文件名及备注，在功能菜单 1（显示屏最底行）中选择"Open LogFile"（按 F1），若是继续原有文件，可在文件目录中选择，若是新文件，应输入新文件名，接下来输入备注内容（如取样地点、样品名称等）；输入叶面积，按"Labals"，选择功能菜单 3（显示屏最底行），按"F1"进入，按提示进行操作，输入夹入叶室内叶片部分的叶面积值（单位是 cm^2）；观测数据变异程度，按键盘上的字母"E"，进入变异系数观测行，当"total CV%"值小于 1 时可进行记录；数据记录，按"Labals"键进入菜单 1，按"Log"（F1）键记录数据。每按一下，仪器鸣叫一声，一般重复 3～5 次即可；测量结束后，应关闭文件（"Close File"，按 F3）使其存储；关机，测量全部结束后，退回到根目录，关机，最后拆机装箱带回。

9.2.4 注意事项

（1）仪器应轻拿轻放，不可剧烈震动，运输过程中应确保仪器摆放安全。

（2）缓冲液不能直接置于地上，防止吸入灰尘影响测量。

9.3 相对含水量的测定

9.3.1 方法原理

相对含水量法是以植物组织的饱和含水量为基础来表示组织的含水量状况，因为作为计算基础的组织饱和含水量有较好的重复性，而组织的鲜重、干重不太确定（鲜重会随时间及处理而变化，生长旺盛的幼嫩叶子，常随时间而会显著增加，所以要进行不同时期含水量的对比就不恰当）。相对含水量可以反映植物在干旱或湿润环境下的水分状态，是评价植物脱水程度和干旱适应能力的重要指标。一般认为，采用相对含水量表示组织的水分状况比用自然含水量表示好。在计算相对含水量时，需要测量叶片的鲜重和干重，并计算出水分所占的比例。

9.3.2　仪器设备

1/100 天平、干燥器、烘箱。

9.3.3　操作步骤

从植株顶端第一片展开叶剪下约为 5cm×5cm 的一小块，称量鲜质量（即初始鲜质量，W_f），然后迅速放入蒸馏水中浸泡数小时，使组织吸水达到饱和状态。从水中取出叶片，用吸水纸擦拭掉叶片表面水分并称鲜质量（即为饱和鲜质量，W_t），再浸入蒸馏水中一段时间，取出，吸干水分并称重，直至与上次质量相等为止，此为饱和鲜质量。经 105℃ 15min 杀青后，在 65℃ 下烘至恒质量，称干物质量（W_d）。

9.3.4　结果计算

$$相对含水量（\%）=\frac{W_f-W_d}{W_t-W_d}\times100\%　\qquad (9-2)$$

式中：W_f——初始样品鲜质量（g）；

W_d——样品干质量（g）；

W_t——饱和样品鲜质量（g）。

9.4　叶绿素和类胡萝卜素含量的测定

9.4.1　方法原理

叶绿体色素又称光合色素，在高等植物中可分为叶绿素和类胡萝卜素两大类，叶绿素包括叶绿素 a 和叶绿素 b，类胡萝卜素包括胡萝卜素（橙色）和叶黄素（黄色）。它们与类囊体膜的蛋白质结合形成色素蛋白复合体，不溶于蒸馏水中，易溶于酯类，因此可用丙酮、乙醇、石油醚等有机溶剂进行提取。

叶绿素 a、叶绿素 b 的 80%丙酮溶液在可见光范围内的最大吸收峰分别位于红光区和蓝紫光区，为了排除类胡萝卜素的干扰，所用单色光的波长选择叶绿素在红光区的最大吸收峰。已知叶绿素 a、叶绿素 b 的 80%丙酮溶液在红光区的最大吸收峰分别为 663nm 和 645nm，又知在波长 663nm 处，叶绿素 a、叶绿素 b 在该溶液中的吸光系数分别为 82.04 和 9.27，在波长 645nm 下吸光系数分别为 16.75 和 45.60，可根据加和性原则列出以下关系式：

$$A_{663}=82.04C_a+9.27C_b　\qquad (9-3)$$

$$A_{645} = 16.75C_a + 45.60C_b \qquad (9-4)$$

式中：A_{663} 和 A_{645} 分别为叶绿素溶液在波长 663nm 和 645nm 时的吸光度；C_a 和 C_b 分别为叶绿素 a 和叶绿素 b 的浓度。

解方程组式（9-3）和式（9-4）并转换单位为 mg/L，得：

$$C_a = 12.7A_{663} - 2.59A_{645} \qquad (9-5)$$
$$C_b = 22.9A_{645} - 4.67A_{663} \qquad (9-6)$$

则叶绿素总量计算公式为：

$$C_t = C_a + C_b = 20.3A_{645} + 8.03A_{663} \qquad (9-7)$$

由于叶绿素 a、叶绿素 b 在 652nm 的吸收峰相交，两者有相同的吸收系数（均为 34.5），也可通过在此波长下测定吸光度（A_{652}）而求出叶绿素 a、叶绿素 b 总量：

$$C_t = C_a + C_b = \frac{A_{652} \times 1\,000}{34.5} \qquad (9-8)$$

丙酮提取液中类胡萝卜素的含量：

$$C_k = 4.7A_{440} - 0.27C_t \qquad (9-9)$$

由于叶绿体色素在不同溶剂中的吸收光谱有差异，因此，在使用其他溶剂提取色素时，计算公式也有所不同。

9.4.2 仪器设备

分光光度计、1/100 天平。

9.4.3 操作步骤

（1）将鲜叶中脉去掉，剪成细条。

（2）称取鲜叶 0.2 g，放入研钵中，加少量石英砂及 2～3mL 80％丙酮，研磨匀浆，再加 80％丙酮 5mL，继续研磨。

（3）全部转移至 25mL 棕色容量瓶中，用少量 80％丙酮冲洗研钵、研棒及残渣数次，然后连同残渣一起倒入容量瓶中。用 80％丙酮定容至 50mL，摇匀，离心或过滤。

（4）以 80％丙酮为空白，在波长 663nm、645nm、652nm 和 440nm 处分别测定吸光度。

9.4.4 结果计算

将测得的吸光度代入上述公式中，分别计算叶绿素 a、叶绿素 b、叶绿素总量和类胡萝卜素的浓度（mg/L），并按下式计算色素在叶片中的含量：

$$色素在叶片中的含量（mg/g）= \frac{C \times V \times f}{m} \times 10^{-3} \quad (9-10)$$

式中：C——色素浓度（mg/L）；

   V——提取液总体积（mL）；

   f——分取倍数，若未经稀释分取，则取 1；

   m——鲜样质量（g）。

9.5 脯氨酸含量的测定

9.5.1 方法原理

脯氨酸是水活性最大的氨基酸，具有很强的水合能力。脯氨酸的疏水端可与蛋白质结合，亲水端可与水分子结合。蛋白质可借助脯氨酸束缚更多的水，从而防止渗透胁迫条件下蛋白质的脱水变性。因此，脯氨酸在植物的渗透调节中起重要作用。正常情况下，植物体内脯氨酸含量并不高，但遭受水分、盐分等胁迫时体内的脯氨酸含量往往会增加，它在一定程度上反映植物受环境水分和盐度胁迫的情况，以及植物对水分和盐分胁迫的忍耐及抵抗能力。

植物体内脯氨酸的含量可用酸性茚三酮法测定。在酸性条件下，脯氨酸和茚三酮反应生成稳定的有色产物，该产物在波长 520nm 处有一最大吸收峰，其色度与含量呈正相关，可用分光光度法测定。该反应具有较强的专一性，酸性和中性氨基酸不能与酸性茚三酮试剂形成有色产物，碱性氨基酸对这一反应有干扰，但加入人造沸石（permutite）时，在溶液 pH 为 1～7 范围内，振荡溶液可除去这些干扰的氨基酸（如甘氨酸、谷氨酸、天冬氨酸、苯丙氨酸、精氨酸等）。

9.5.2 仪器设备

分光光度计、1/100 天平、恒温水浴锅、研钵。

9.5.3 试剂配制

（1）石英砂（化学纯或分析纯）。

（2）人造沸石、活性炭等。

（3）酸性茚三酮试剂：称取 2.5g 水合茚三酮（$C_9H_{10}O_2$，分析纯），加入 60mL 冰乙酸（冰醋酸，CH_3COOH，化学纯或分析纯）和 40mL 6mol/L 磷酸（H_3PO_4，分析纯），于 70℃加热溶解，冷却后储存于棕色试剂瓶中，于 4℃冰箱中保存 2 d，使之稳定。

（4）100μg/L 脯氨酸标准溶液：称取 10mg 脯氨酸（$C_5H_9NO_2$，分析纯），溶于少量 80% 乙醇中，再用蒸馏水定容至 100mL。

（5）80% 乙醇：量取 80mL 无水乙醇（C_2H_6O，分析纯），加蒸馏水至 100mL。

9.5.4 操作步骤

（1）将鲜叶去掉中脉，剪成碎片，称取 0.5g 鲜叶样品，加入少量 80% 乙醇和少量石英砂于研钵中研磨成匀浆，匀浆液全部转移至 10mL 试管中，加 80% 乙醇洗研钵，将洗液一同移入试管中，最后用 80% 乙醇定容，摇匀，于 80℃ 水浴锅中提取 20min。向提取液中加入人造沸石和活性炭 1 勺，强烈振荡 5min，过滤。

（2）吸取提取液 2mL 于试管中，加入 2mL 冰乙酸和 2mL 茚三酮，沸水浴中加热 15min。另吸取 2mL 80% 乙醇于试管中作为参比溶液，加入 2mL 冰乙酸和 2mL 茚三酮，沸水浴中加热 15min。取出，冷却后，在分光光度计上于波长 520nm 处测定吸光度。

（3）脯氨酸标准曲线。分别吸取 100μg/L 脯氨酸标准溶液 0mL、0.5mL、1.25mL、2.5mL、5.0mL、7.5mL、10.0mL 和 15.0mL，加入 50mL 的容量瓶中，用蒸馏水定容，配制成 0μg/mL、1.0μg/mL、2.5μg/mL、5.0μg/mL、10.0μg/mL、15.0μg/mL、20.0μg/mL 和 30.0μg/mL 的标准系列溶液。分别吸取上述各标准溶液 2mL，放入 10mL 带塞刻度试管中，加入冰乙酸 2mL 和茚三酮试剂 2mL，盖上塞子，于沸水浴中加热 15min，在分光光度计上于 520nm 处测定吸光度，以零浓度为空白对照。以脯氨酸浓度为横坐标，吸光度为纵坐标，绘制标准曲线。

9.5.5 结果计算

$$脯氨酸含量（μg/g）= \frac{C \times V}{m} \qquad (9-11)$$

式中：C——脯氨酸浓度（μg/mL）；

V——提取液总体积（mL）；

m——样品质量（g）。

9.6 丙二醛含量的测定

9.6.1 方法原理

植物在逆境或衰老条件下，会发生膜脂的过氧化作用。丙二醛（MDA）是膜脂过氧化产物之一，其浓度表示脂质过氧化程度和膜系统伤害程度，所以是逆境生理指标。丙二醛在酸性和高温条件下，可以与硫代巴比妥酸（TBA）反应生成红棕色的三甲川（3,5,5 三甲基噁唑-2,4-二酮），在波长 532nm 下具有最大光吸收。可溶性糖与 TBA 显色反应产物在波长 450nm 和 532nm 处也有吸收。逆境胁迫（如干旱、高温、低温等）使可溶性糖增加，测定时要排除可溶性糖的干扰。

由于蔗糖-TBA 反应产物的最大吸收波长为 450nm，毫摩尔吸收系数为 85.4×10^{-3}，MDA-TBA 反应产物在 532nm 的毫摩尔吸收系数分别是 7.4×10^{-3} 和 155×10^{-3}。532nm 非特异性吸光度值以 600nm 波长处的吸光度值代表。

按双组分分光光度法原理，建立关系式，即可求出 MDA 及可溶性糖浓度，关系式如下：

$$A_{450} = 85.4 \times 10^{-3} C_{可溶性糖} \qquad (9-12)$$

$$A_{532} - A_{600} = 155 \times 10^{-3} C_{MDA} + 7.4 \times 10^{-3} C_{可溶性糖} \qquad (9-13)$$

则：

$$C_{可溶性糖}（mmol/L）= 11.71 A_{450} \qquad (9-14)$$

$$C_{MDA}（mmol/L）= 6.45 \times (A_{532} - A_{600}) - 0.56 A_{450} \qquad (9-15)$$

9.6.2 仪器设备

分光光度计、1/100 天平、离心机、恒温水浴锅、研钵。

9.6.3 试剂配制

(1) 50mmol/L pH7.8 磷酸缓冲液。称取 6.0g 磷酸二氢钠（NaH_2PO_4，分析纯）和 0.5 g 氢氧化钠（NaOH，化学纯或分析纯），溶于蒸馏水中，定容至 1 L。

(2) 10% 三氯乙酸（TCA）溶液。称取 10g 三氯乙酸（$C_2HCl_3O_2$，分析纯），溶于蒸馏水中，用蒸馏水定容至 100mL。

(3) 0.5% 硫代巴比妥酸（TBA）溶液。称取 0.5g 硫代巴比妥酸（分析纯），用 10% 三氯乙酸溶解并定容至 100mL。

9.6.4 操作步骤

(1) 称取 0.5g 植株样品，加入 2mL 10% TCA 溶液及少量石英砂，研磨至匀浆，再加入 8mL 10% TCA 溶液进一步研磨，研磨后所得匀浆 3 000r/min 离心 10min，其上清液为样品提取液。

(2) 取上述步骤所得的上清液 2.0mL 于带塞试管中，加入 0.5% TBA 溶液 2.0mL，混合后置于沸水浴中使其反应 20min，立即置于冰浴中冷却，然后离心 10min，取上清液在分光光度计上于波长 532nm、600nm 及 450nm 处分别测定吸光度 A_{532}、A_{600} 和 A_{450}。以 5% 三氯乙酸溶液作空白，测定吸光度。

9.6.5 结果计算

将测得的吸光度代入以上公式中，获得提取液中丙二醛浓度（mmol/L），用下式计算丙二醛含量：

$$丙二醛含量（\mu mol/g）= \frac{C \times V \times f}{m} \qquad (9-16)$$

式中：C——提取液中丙二醛浓度（mmol/L）；

　　　V——提取液总体积（mL）；

　　　f——分取倍数，若未经稀释分取，则取 1；

　　　m——鲜样质量（g）。

9.7 超氧化物歧化酶活性的测定

9.7.1 方法原理

超氧化物歧化酶（SOD）是含金属辅基的酶，它催化以下反应：

$$2O_2^- + 2H^+ \longrightarrow H_2O_2 + O_2$$

由于超氧阴离子自由基（O_2^-）寿命短，不稳定，因此不宜直接测定 SOD 活性，常采用间接方法测定。目前常用的方法有 3 种，包括氯蓝四唑（NBT）光化还原法、邻苯三酚自氧化法和化学发光法。本实验主要介绍 NBT 光化还原法，其原理是：NBT 在蛋氨酸和核黄素存在的条件下，光照后发生光化还原反应而生成蓝色甲脒，蓝色甲脒在波长 560nm 处有最大光吸收。SOD 能抑制 NBT 的光化还原，其抑制强度与酶活性在一定范围内成正比。

9.7.2 仪器设备

分光光度计、1/100 天平、冷冻离心机、微量进样器、水浴锅、光照培养箱或其他光照设备。

9.7.3　试剂配制

（1）50mmol/L pH 7.8 磷酸缓冲液（PBS）（含 0.1mmol/L EDTA）：称取 6.0g 磷酸二氢钠（NaH_2PO_4，分析纯）、0.5g 氢氧化钠（NaOH，分析纯）和 0.03g 乙二胺四乙酸（EDTA，分析纯），溶于蒸馏水中，定容至 1L。

（2）220mmol/L 甲硫氨酸（Met）：称取 3.282 4g 甲硫氨酸（$C_5H_{11}NO_2S$，分析纯），用 50mmol/L pH 7.8 PBS 溶解，定容至 100mL（现配现用）。

（3）1.25mmol/L NBT 溶液（现配）：称取 0.102g NBT（分析纯），用 50mmol/L pH7.8 PBS 溶解并定容至 100mL。

（4）0.033mmol/L 核黄素：称取 2.52g 核黄素（分析纯），用 PBS 溶解并定容至 200mL（避光保存）。

9.7.4　操作步骤

（1）取 0.5g 样品于预冷的研钵中，加 2.5mL 预冷的 50mmol/L pH7.8 磷酸缓冲液及少量石英砂，在冰浴上研磨成匀浆，加缓冲液使终体积为 10mL，转移至离心管中，在 4℃ 10 000 r/min 条件下离心 15min。上清液即为 SOD 粗提液。

（2）取透明度好、质地相同的 15mm×150mm 试管，先后加入以下各溶液：50mmol/L 磷酸缓冲液 4.05mL、220mmol/L Met 溶液 0.3mL、1.25mmol/L NBT 溶液 0.3mL、33μmol/L 核黄素 0.3mL、粗酶液 0.05mL，空白对照管用蒸馏水代替酶液。混匀后，给空白对照管罩上比试管稍长的双层黑色硬纸套遮光（用于调零），同时置于 4 000lx 日光下反应 20min（要求各管受光情况一致，反应温度控制在 25~35℃，视酶活性高低适当调整反应时间，温度高时时间缩短，温度低时时间延长）。至反应结束后，以遮光的空白对照管调零，在分光光度计上于波长 560nm 下测定吸光度。

9.7.5　结果计算

SOD 活性单位是以抑制 NBT 光化还原的 50% 为一个酶活性单位表示，按下式计算 SOD 活性：

$$SOD 总活性（U/g）= \frac{(A_{CK}-A_E)\times V}{A_{CK}\times 50\%\times m\times V_t} \quad (9-17)$$

式中：A_{CK}——对照品（照光）的吸光度；

A_E——样品的吸光度；

V——样液总体积（mL）；

V_t——测定时样品所用体积（mL）；

m——样品质量（g）。

9.8 过氧化物酶和过氧化氢酶活性的测定

9.8.1 方法原理

植物体内的黄素氧化酶类（如光呼吸中的乙醛酸氧化酶、呼吸作用中的葡萄糖氧化酶等）代谢产物常包含 H_2O_2。H_2O_2 的积累可导致破坏性的氧化作用。过氧化氢酶（CAT）和过氧化物酶（POD）是清除 H_2O_2 的重要保护酶，能将 H_2O_2 分解为 O_2 和 H_2O，从而使机体免受 H_2O_2 的毒害作用。这两种酶的活性与植物的抗逆性密切相关。

CAT 催化以下反应：

$$2H_2O_2 \longrightarrow H_2O + O_2$$

本实验通过测定 H_2O_2 的减少量来测定 CAT 的活性。H_2O_2 在波长 240nm 处有最大吸收峰。当 H_2O_2 存在时，过氧化物酶能使愈创木酚氧化，生成茶褐色的 4-邻甲氧基苯酚，该产物在波长 470nm 处有最大吸收峰，从而可用分光光度计测定生成物含量来表示 POD 活性。

9.8.2 仪器设备

紫外分光光度计、1/100 天平、冷冻离心机、微量进样器、研钵。

9.8.3 试剂配制

（1）50mmol/L pH 7.8 磷酸缓冲液（PBS）（含 0.1mmol/L EDTA）：称取 6.0g 磷酸二氢钠（NaH_2PO_4，分析纯）、0.5g 氢氧化钠（NaOH，分析纯）和 0.03g 乙二胺四乙酸（EDTA，分析纯），溶于蒸馏水中，定容至 1L。

（2）0.3% H_2O_2 溶液：吸取 0.5mL 30% 双氧水（H_2O_2，分析纯），加入 pH7.0 PBS 至 50mL。

（3）0.2% 愈创木酚：称取 0.2g 愈创木酚（分析纯），用 pH7.0 PBS 配制成 100mL 溶液。

9.8.4 操作步骤

（1）称取剪碎的鲜叶 1g，加入 5 倍量的 50mmol/L pH7.8 的磷酸缓冲液，冰浴上研磨，15 000 r/min（4℃）离心 15min，上清液为粗酶提取液。

（2）CAT 活性测定：直接向比色皿中先加入酶提取液 0.05mL，然后加入 1mL 0.3% H_2O_2 和 1.95mL 蒸馏水，启动反应后，每隔 10s 用分光光度计于波长 240nm 处测定吸光度 A_{240}，测定至 1min。将每分钟吸光度值减少 0.01 定义为 1 个酶活力单位。

（3）POD 活性测定：直接向比色皿中先加入酶提取液 0.05mL，然后加入 0.3% H_2O_2 1mL、0.2% 愈创木酚 0.95mL、pH7.0 PBS 1mL 的混合液，每隔 10s 用分光光度计于波长 470nm 处测定吸光度 A_{470}，测定至 1min。将每分钟吸光度值减少 0.01 定义为 1 个酶活力单位。

9.8.5 结果计算

$$CAT 活性 [U/(g \cdot min)] = \frac{(A_{240样品} - A_{240对照}) \times V_1}{0.01 \times V_2 \times t \times m} \quad (9-18)$$

$$POD 活性 [U/(g \cdot min)] = \frac{(A_{470样品} - A_{470对照}) \times V_1}{0.01 \times V_2 \times t \times m} \quad (9-19)$$

式中：$A_{240样品}$——样品在 240nm 波长处的吸光度；

$A_{240对照}$——对照在 240nm 波长处的吸光度；

$A_{470样品}$——样品在 470nm 波长处的吸光度；

$A_{470对照}$——对照在 470nm 波长处的吸光度；

V_1——酶提取液总体积（mL）；

V_2——测定用酶提取液体积（mL）；

t——开始加 H_2O_2 到最后一次读数时间（min）；

m——样品鲜质量（g）。

10 温室气体采集和气体排放量测定

气体采集

采用静态箱-气相色谱法测定温室气体 CH_4、N_2O 和 CO_2 排放量。目前静态箱规格有多种,这里仅介绍本实验室所用静态箱的规格,供参考。

10.1.1 稻田气体采集

稻田气体采集时采集稻田土壤及稻株共同排放的温室气体。

方法 1:静态箱箱体由厚 $2\sim3mm$ 的不锈钢板制成,箱体规格 $50cm\times50cm\times100cm$,四周和顶部封闭,底部开口,箱内安装风扇和温度计,以混合内部空气,并在采集气体样品时测定箱内空气温度。箱体顶端有 $3mm$ 小孔,连接一根硅胶管,硅胶管上接带有三通的 $50mL$ 注射器,以采集箱体内气体。箱体外覆盖一层海绵和铝箔,以减少采样期间由于太阳辐射引起的箱内温度变化。水稻移栽前,在各处理区内随机选择 $0.25m^2$ 地块,安装不锈钢静态箱底座($50cm\times50cm$),底座上有宽 $4cm$、高 $5cm$ 的凹槽,将底座完全深入泥地中,凹槽最顶端与土壤齐平,移栽时将同样数量的水稻植株种植到底座所包围的地块中。气体采集前,将静态箱垂直安放在底座凹槽内并用蒸馏水密封,以防箱体和底座的接触处漏气,保证箱内气体与大气不进行交换,然后将箱内两个风扇打开,使箱体内气体混合均匀后,打开三通连接开关,用注射器采集箱体内气样。

方法 2:静态箱箱体为亚克力板的无底圆柱体,厚 $5mm$,箱体直径 $25cm$,高 $80cm$,顶部密封只留采气孔,底部开口端为锯齿状,静态箱内部安装可充电风扇。取样时静态箱垂直插入包括水稻的土壤中,不留空隙,保证箱内气体与外部大气相互无交换。采样前将风扇打开,均匀混合气体,再用注射器采集气体样品。

水稻不同生育时期 CH_4、N_2O 和 CO_2 的排放规律从移栽前开始监测,追肥和灌溉前后,每隔 $1\sim2d$ 采集一次气体样品,其他时段每隔 $3\sim7d$ 采集 1 次。每个取样日，采样时刻为上午 8：00～10：00，同时记录采样期间箱内温度变化。每个采样点在盖上箱体后 0min、5min、10min、15min、20min、25min 和 30min 或 0min、10min、20min 和 30min 时用注射器采集气体样品，每次采集样品量为 50mL，采样结束后带回实验室进行测定。

10.1.2 旱地气体采集

旱地气体采集时仅采集土壤中温室气体。

静态箱由不锈钢制成，分为箱体和底座两部分，箱体和底座之间用橡胶垫圈密封。箱体为顶部密封的正方形柱体，高度 25cm，边长 35cm，每个静态箱装有取样端口、温度探头和小风扇。底座为正方形，高度 30cm，边长 37cm，带有凹槽，在播种前一周埋入地下 30cm，置于旱地作物行间，压实底座周围土壤，保证其密封状态，播种时底座中间不种植作物。每个小区放置 1～2 个静态箱（作物行间中部）。

旱地作物不同生育时期 CH_4、N_2O 和 CO_2 的排放规律从播种前开始监测，追肥和灌溉前后，每隔 1～2d 采集一次气体样品，其他时段每隔 3～7d 采集 1 次。每个取样日，采样时刻为上午 8：00～10：00，同时记录采样期间箱内温度变化。每个采样点在盖上箱体后 0min、5min、10min、15min、20min、25min 和 30min 或 0min、10min、20min 和 30min 时用 50mL 注射器采集气体样品，每次采集样品量为 50mL，采样结束后带回实验室进行测定。

10.2 气体测定

CH_4、N_2O 和 CO_2 的测定用气相色谱法，有多个厂家生产气相色谱仪。这里介绍 Agilent 7890AGC 气相色谱仪（安捷伦科技有限公司，美国）。该色谱仪配备有火焰离子化检测器（FID，用于分析测定 CH_4 和 CO_2 浓度）、电子捕获检测器（ECD，用于分析测定 N_2O 浓度）。载气为氮气，流速 25mL/min；燃气为氢气，流速 60mL/min；助燃气为空气，流速 400mL/min。检测器温度为 250℃，柱箱温度 55℃，辅助加热器温度 375℃。混合标准气体在市场上购买：CH_4 标准气体，浓度为 1.99μL/L；CO_2 标准气体，浓度为 384.3μL/L；N_2O 标准气体，浓度为 0.334μL/L。通气后，将气相色谱仪打开，设置相应参数，点火成功后，等待基线稳定，先测定混合标准气体，再测定采集样品，并以标准气体为基准，测定各样品中 CH_4、N_2O 和 CO_2 浓度。每测定 8 个采集样品后，重新测定一次标准气体，作为后续采集样品基准。

10.3 气体排放量计算

被测气体排放通量计算公式如下：

$$F = \frac{10^{-5}\mu p}{R\,(T+273.2)} H \frac{dC}{dt} \qquad (10-1)$$

式中，F 为被测气体排放通量，CH_4 排放通量单位为 mg/（m^2·h），N_2O 排放通量单位为 μg/（m^2·h），CO_2 排放通量单位为 mg/（m^2·h），正值表示排放，负值表示吸收；μ 为气体摩尔质量，CH_4 摩尔质量为 16.04g/mol，N_2O 摩尔质量为 44.013g/mol，CO_2 摩尔质量为 44.01g/mol；p 为箱内平均气压，为 1.013 25×10⁵ Pa；T 为箱内平均气温（℃）；R 为气体常数，8.314 41J/（mol·kg）；H 为箱内有效高度，为 100cm；$\frac{dC}{dt}$ 为箱内气体浓度随时间的变化率，其中 CH_4 单位为 mL/（m^3·h），N_2O 单位为 μL/（m^3·h），CO_2 单位为 mL/（m^3·h）。

CH_4、N_2O 和 CO_2 累积排放量（f_{CH_4}、f_{N_2O} 和 f_{CO_2}）是由相邻两次气体排放通量的平均值与观测间隔时间相乘，然后逐次累加而得。

$$f = \sum_{i}^{n} \left(\frac{F_i + F_{i-1}}{2} \times d \times 24 \times 10^{-2} \right) \qquad (10-2)$$

式中，F_i、F_{i-1} 分别为第 i 次和第 $i-1$ 次被测气体排放通量，其中 $i \geqslant 2$；d 为第 i 次与第 $i-1$ 次观测间隔天数；n 为气体观测次数；f 为气体累积排放量（f_{CH_4}、f_{N_2O} 和 f_{CO_2} 分别为 CH_4、N_2O 和 CO_2 累积排放量，其中，f_{CH_4} 单位为 kg/hm²，f_{N_2O} 单位为 g/hm²）。除了全年累积排放量外，还可以根据取样日期，分别计算出不同生育期内温室气体累积排放量。

参考文献

鲍士旦，2000. 土壤农化分析 ［M］. 3 版. 北京：中国农业出版社.

陈建勋，王晓峰，2015. 植物生理学实验指导 ［M］. 广州：华南理工大学出版社.

程东娟，2012. 土壤物理实验指导 ［M］. 北京：中国水利水电出版社.

关松荫，1983. 土壤酶及其研究法 ［M］. 北京：农业出版社.

李振高，2008. 土壤与环境微生物研究法 ［M］. 北京：科学出版社.

李仲芳，2012. 植物生理学实验指导 ［M］. 成都：西南交通大学出版社.

鲁如坤，2002. 土壤农业化学分析方法 ［M］. 北京：中国农业科技出版社.

四川省农科院土肥所土壤农化分析室，1980. 土壤农化常规分析法 ［M］. 成都：四川人民出版社.

吴金水，2006. 土壤微生物生物量测定方法及其应用 ［M］. 北京：气象出版社.

中国科学院南京土壤研究所微生物室，1985. 土壤微生物研究法 ［M］. 北京：科学出版社.